電腦網路與網際網路

[COMPUTER NETWORK AND INTERNET]

作者 遲丕鑫

弘智文化事業有限公司

初 版 序

　　電腦已成為人們日常生活的一部份，網路更是近年來熱門的話題。在跨入新世紀的今天，您必須具備一些網路的觀念。

　　本書要為您介紹的是關於網路的一些重要知識，內容是針對網路初學者設計，不必要的細節大多捨棄，而保留重要的觀念。您看過本書之後，必然能具備網路的基本知識。本書的架構為：

Part1 電腦網路原理

Part2 網際網路應用

　　雖然筆者沒有博士的高深學問，也沒有小說家的流暢文筆，不過本書的內容應該尚稱淺顯易懂，也力求內容的正確性。若是書中有謬誤之處，皆因筆者才疏學淺，還請各位指教。

　　本書得以付梓，特別要感謝李茂興先生的協助。

筆者 ＰＰ（遲至鑫）

目錄

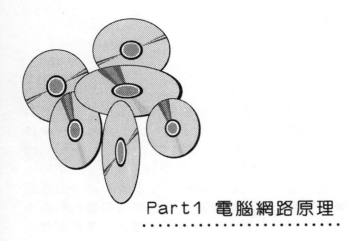

Part1 電腦網路原理

第一章
漫談電腦與網路

　　二十世紀的後半，電腦由原本的軍事、商業等用途，漸漸地進入人們的日常生活。尤其近年來，網際網路的盛行，儼然將這個星球帶入了另一種形式的「天涯若比鄰」。然而，當人們提到「網路」二字時，是否一定指的就是「網際網路」？其實未必。因為網路不是只有以網際網路這種以全世界為範圍的形態存在。你自己把幾台電腦連接起來，也可以算是網路。

　　這本書主要是為您介紹許多種電腦網路。包括區域網路、廣域網路、網際網路等等。您將可看到許多種電腦網路原理與應用的介紹。不過，在了解網路之前，還是先了解一些電腦的故事吧。

1.1 電腦的演進

　　電腦的發展，一般分作五個世代，包括：第一代的真空管（Vacuum Tubes），第二代的電晶體（Transistor），第三代的積體電路（Integrated Circuit），第四代的超大型積體電路（Very Large Scale Integrated Circuit, VLSI），以及第五代的人工智慧。

1.1.1 第一代－真空管

　　第一部真空管計算機是在 1951 年由 J. Presper Eckert 與 John. W. Manchly 設計出來的，名叫 UNIVAC I（UNIVersal Automatic Computer I），是第一部具文字與數據處理能力的電腦，當時是做為

商業用途。主要是以眞空管爲組成元件，記憶體則是裝滿水銀的滯延線路，它的儲存媒體是磁帶。總共賣出超過四十組。

　　以現在的眼光看來，這種計算機自然是屬於耗電量大，速度慢，故障率高，占用不少空間的老古董了。

1.1.2 第二代－電晶體

　　電晶體（Ｔｒａｎｓｉｓｔｏｒ），是由美國ＡＴ＆Ｔ（Ａｍｅｒｉｃａｎ　Ｔｅｌｅｐｈｏｎｅ　ａｎｄ　Ｔｅｌｅｇｒａｐｈ，美國電信與電報公司）的貝爾實驗室（Ｂｅｌｌ　Ｌａｂｏｒａｔｏｒｙ）的三位工程師：Ｓｈｏｃｋｌｅｙ、Ｂａｒｄｅｅｎ和Ｂｒａｔｔａｉｎ，在１９４８年所發明的一種電子元件。電晶體有三條接腳，分別接到電晶體的射極、基極和集極。通常電晶體是用來控制電壓，或是作爲相當於開關（Ｓｗｉｔｃｈ）的裝置。

　　隨著電子科技的快速進步，電晶體漸漸代替眞空管，做爲電腦的組成元件，它使用磁蕊（Ｍａｇｎｅｔｉｃ　Ｃｏｒｅｓ）作爲主記憶體。一個電晶體和一個眞空管的功能一樣，不過電晶體的體積遠比眞空管小，大概只有二十分之一，而且電晶體的耗電量與散熱量也少了很多。另外，電晶體的速度與可靠度，也比眞空管高很多。電晶體的時代，也就是第二代電腦時代。

　　電晶體剛開發出來時，由於一個「小小的」電晶體，就可以取代一個「大大的」眞空管，所以電晶體一度成爲電腦的主要組件（第二代）。目前的電腦雖

然使用積體電路，不過還是有一些周邊裝置會用一些電晶體做為零組件。此外，其他的一些電器用品也用得上電晶體。

1.1.3 第三代－積體電路

1964 年，積體電路（Integrated Circuit, IC）被開發出來。同時也出現了第一個作業系統（Operating System）與資料庫管理系統（DBMS），線上（On Line）系統也開始發展。

早期的積體電路，可以容納數十個電子元件（以現在的歸類，這類的 IC 是屬於小型積體電路，也就是 Small Scale Integration, SSI），每個電子元件的功能相當於一個電晶體或真空管，這種電腦的速度，比起以前的電腦快了幾百倍。

1.1.4 第四代－超大型積體電路

第三代的積體電路晶片（IC chip），每顆容量只有數十個，或幾百個電子元件（也就是真空管或電晶體）的功能。1970 年以後，開發出每顆能容納數千個甚至數萬個電子元件的 IC chip。體積沒有變大，但容量卻增大許多。這種 IC chip，叫做「超大型積體電路」（Very Large Scale Integrated Circuit, VLSI）。

1.1.5 第五代－人工智慧

　　未來的電腦，長得是怎麼樣的呢？現在科學家正在開發一些新的科技，研究具有人工智慧，能累積智慧，甚至會推理的電腦。希望電腦像人類一樣，能分辨聲音、影像，能思考推理、創造事物，具備有人類的學習、記憶等等能力。

　　由此觀之，人類對電腦的需求，就是電腦發展的趨勢：體積要越來越小，可靠度要越來越高，速度要越來越快，甚至希望在電腦中裝進「智慧」。

1.2 電腦硬體概念

　　電腦的最基本功能，包括資料輸入、儲存、讀取、處理、輸出。根據范紐曼模式，電腦可以分為三部份，如下圖。

　　這些程序，都是要靠電腦的「軟體」與「硬體」來共同完成。至於什麼是軟體？什麼是硬體呢？簡單地說，硬體就是摸得到的電子與機械裝置，例如：印表機、主機板、硬碟、CD-ROM……等等。而軟體就是摸不到的程式與資料，例如：Windows、Office系列軟體。

　　不知您是否逛過電腦門市（光華商場、NOVA……）？在那裡總是可以看到許許多多的電腦硬體被販售著。我們可以把這些電腦硬體，歸類為中央處理器、輔助記憶體、以及一些負責資料輸入與輸出

的週邊裝置，這也就是當今電腦的構造。

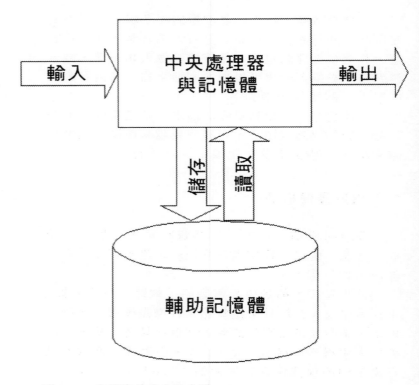

圖1－1 電腦資料流向示意圖

1.2.1 CPU

　　「中央處理器」指的就是 CPU（C e n t r a l Processing Unit），有許多人認為 CPU 是電腦的「心臟」，然而，由於 CPU 是處理資料與控制系統運作的中心，所以筆者認為 CPU 應該比較像是電腦的「神經中樞」。CPU 還可細分為「控制單位」（Control Unit）、「算術邏輯單位」（Arithmetic Logic Unit，ALU）、「主記憶體」（Main Memory）。

　　控制單位所負責的是協調電腦之內各個元件的運作、控制資料在主記憶體的進出、對程式指令進行讀取並解碼的工作。算術邏輯單位則是負責資料的運算（加、減、乘、除……等等）、判斷、比較的工作。

1.2.2 記憶體

　　記憶體的作用，就是讓電腦內部的裝置存取資料。在電腦內部，有很多地方都裝有記憶體。而所謂的主記憶體，就是與 CPU 直接配合運作的記憶體。由於主記憶體常常需要從輔助記憶體中存取大量的資料，所以在設計主記憶體時，速度是一個非常重要的考量因素。而主記憶體又可分為唯讀記憶體（Read Only Memory, ROM）以及隨機存取記憶體（Random Access Memory, RAM）。

　　顧名思義，ROM 的資料只能讀取，不能寫入。ROM 的資料主要是電腦開機時會用到的一些程式，那些資料在廠商製造時就已經寫入，不會隨著電腦關機而消

失。而 RAM 則是電腦程式執行過程中，存取資料的記憶體，可以機動性地寫入或讀取。一般所謂電腦有幾 M（讀作 Mega，代表 10^6）的記憶體，意思就是說這台電腦有幾 M 的 RAM。

1.2.3 輔助記憶體

所謂「輔助記憶體」，指的就是軟碟、硬碟、磁帶機之類的裝置。與 ROM 一樣的地方，是資料不會隨著電腦關機而消失。與 RAM 一樣的地方，是資料可以機動性地存取。。

1.2.4 輸入裝置與輸出裝置

輸入裝置可以將外界的輸入動作，轉換成電子資料輸入電腦來處理。輸入裝置有：鍵盤、滑鼠、掃描器、搖桿、光筆、繪圖板、觸摸式螢幕……等等。而輸出裝置可以將電腦中的電子資料，利用各種形式展現出來。輸出裝置有：螢幕、印表機……等等。

1.3 電腦的機器語言

您或許聽過一些編寫電腦程式用的程式語言，好像電腦會很多種語言似的。其實電腦真正看得懂的語言只有一種，不是 Turbo C++，也不是 Pascal，也不是 Fortran，而是由無數個 0 與 1 組合而成的「機器語言」（Machine Language）。任何程式被設計出之後，都要經過 Compiler（編譯器）、Assembler

（組譯器）、Interpreter（直譯器）這樣的軟體來轉換成機器語言去執行。

二進位數字

　　由於電腦使用的是機器語言，所以就會使用到二進位數字系統。什麼是二進位數字呢？我們一般所使用的是十進位數字，就是「逢十進位」，數字集合有（0，1，2，3，4，5，6，7，8，9）。而二進位數字是「逢二進位」，數字集合有（0，1）。

表1-1 十進位數字與相等的二進位數字對照

十進位	0	1	2	3	4	5	6	7	8	9	10
二進位(4bit)	0000	0001	0010	0011	0100	0101	0110	0111	1000	1001	1010

　　舉例來說，在十進位的數字當中，1+1=2，還是一位數。而在二進位數字當中，1+1就進位了，變成10（壹零）。

1.4 引爆資訊革命的 Internet

　　本世紀所發明的最偉大工具就是電腦。自從有了電腦之後，人類的生活習慣改變了，資訊傳遞的方式進步了。尤其近年來網際網路（Internet）的快速發展，影響著人類社會的各個層面。

　　在 1960 年代，美國的 DARPA（Defense Advanced Research Project Agency，先進國防科技研究計畫署）發展出一套能讓美國各地的研究單位，迅速地

彼此傳遞研究資訊的方式。就是將各處的電腦連線起來，形成一個電腦網路。叫做 ARPAnet，它是最早的電腦網路。如今，Internet（網際網路）開啓了資訊科技無遠弗屆的發展。其用途多如天上繁星，有的人用它查資料，有的人用它打廣告，有的人用它交朋友，有的人用它來報稅。

　　一個不會使用網際網路的人，當他看到別人使用網際網路所帶來的便利時，想必也要被網際網路所吸引。想想看，當你還在提筆寫信，封好信件貼上郵票，還要走一趟到附近的郵筒才能把信寄出去的時候；當你要買火車票，還得跑到火車站排隊的時候；當你需要某些資料，還得跑到圖書館或書店去找的時候……別人只要在家上網就可以完成這些事情！往後，想必還會有更多的事情，都可以網際網路進行。

1.5 本章回顧

1. 電腦的發展，一般分作五個世代。第一代的眞空管，第二代的電晶體，第三代的積體電路，第四代的超大型積體電路，以及第五代的人工智慧。
2. 電腦的最基本功能，包括資料的輸入、儲存、讀取、處理、輸出。
3. 硬體就是摸得到的電子與機械裝置，軟體就是摸不到的程式與資料。
4. 十進位數字，就是「逢十進位」，二進位數字是「逢二進位」。
5. 網際網路（Internet）的快速發展，影響著人類社會的各個層面。

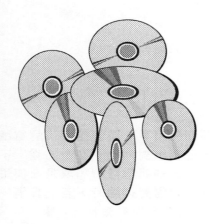

第二章
傳輸媒介

一般的程式設計師與使用者，並不需要了解電腦傳輸資料的全部細節，因為那對他們未必有用處。不過，在程式設計師開發一套通訊軟體時，或是在使用者使用通訊軟體，遇到問題需要排除時，若能具備一些基本的資料傳輸概念，將會很有幫助。

所有的電腦通訊，皆是將資料透過某種傳輸媒介來傳遞。就好像電流經由電線傳遞，或是收音機的電波經由空氣來傳送那樣，這一章將介紹各種資料傳遞的方式。

2.1 雙絞線

以往的電腦網路都是使用電線來連結，就好像電器用品也是用電線與電源來連結一樣。因為銅的導電性極佳，僅稍稍次於銀。但是銀的成本過高，不適合用來做電線的材料，所以一般都是選用銅來做電線的材質。它的資料傳輸頻率，在 2KBPS 至 264KBPS 之間（K = 10^3 = 1,000，BPS=Bits Per Second，每秒位元數）。

我們在建構一個電腦網路時，將干擾降低到最低程度是一個相當重要的考慮因素。傳統以電線連接各個電腦所構成的網路有一個問題，就是若有兩條以上的電線呈平行狀態時，某一條電線上的電流，會在其他產生感應電流，造成通訊時的干擾，偏偏網路上各電腦之間的電線，又常常會有這種呈平行狀態的現象。這種情形稱為串音（Crosstalk）。

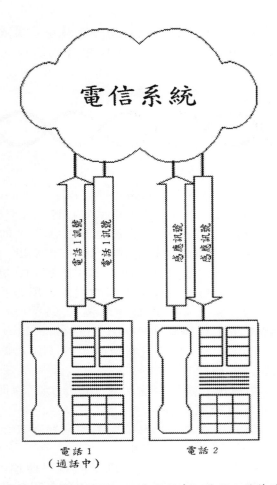

圖 2-1　串音現象（電話 1 正在通話中，電話 2 的線路上出現感應訊號。這樣當有人將電話 2 的話筒拿起來時，可能會聽到電話 1 通話雙方的說話聲音）

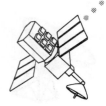

　　雙絞線的構造，是將兩條銅線像麻花一樣捲成一條，這樣就可以減少電磁干擾與串音的現象，如下圖。

圖 2-2　雙絞線

　　雙絞線又可分為「無遮蔽式雙絞線」（Unshielded Twisted Pair, UTP）與「有遮蔽式雙絞線」（Shielded Twisted Pair, STP）。兩者差別在於 STP 的外部絕緣保護層與裡面的絞線之間，比 UTP 多出一層金屬，這樣可以減少電磁波干擾。STP 比起 UTP 需要有更多的接頭，更粗的纜線，更高的成本，所以在區域網路、電話線路上 UTP 的使用率高於 STP。

　　美國電子工業協會（Electronic Industries Association, EIA）將資料傳輸用的「無遮蔽式雙絞線」分為五個類別。

　　第一類與第二類的用途，為 4Mbps 以下的低速資料傳遞，多用於電信線路。

　　第三類的用途是 10Mbps 以下的網路，如乙太網路（Ethernet）的資料傳輸。

　　第四類則適用於 16Mbps 以下的資料傳輸。

　　第五類則是高效率資料通訊使用的 UTP 類別，速率可達 100Mbps，新安裝的 UTP 會優先考慮第五類。

2.2 同軸電纜

　　我們常常看到的有線電視（Cable TV），就是使用同軸電纜（Coaxial Cable, COAX）來傳遞訊號。電腦網路上，也常使用同軸電纜。使用同軸電纜的好處，是在於它的成本低，安裝與擴充都很容易。它之所以被稱為「同軸」，是因為它有兩層導體，包括導線與網狀導體，都是在同一軸心上，其切面就像是同心圓一樣，如下圖。

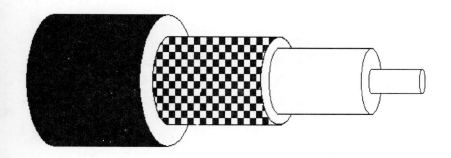

圖 2-3 同軸電纜線的構造

　　同軸電纜的網狀導體，主要作用就是阻隔電磁波干擾。同軸電纜有許多種規格，每種規格的同軸電纜的口徑與阻抗都不相同。口徑是以 RG（Radio Guide）編號來看的，RG 指數越後面，導線就越細。阻抗是以歐姆為單位，電纜上的裝置都必須使用相同的阻抗。

　　常見的同軸電纜規格有：傳遞有線電視訊號用的 RG-59，其阻抗為 75 歐姆。10Base-2 乙太網路的 RG-58，阻抗 50 歐姆。10Base-5 乙太網路的 RG-8 或 RG-11，阻抗也是 50 歐姆。ARCnet 的 RG-62，阻抗 93 歐姆。

2.3 光纖

　　電腦網路也可以用玻璃纖維來做為傳輸資料的媒介，也就是一般所謂的光纖（Optical Fibers）。顧名思義，它是一個纖細的通道，是以光來傳遞資料，利用的是光學反射的原理。

　　要在光纖纜線上發射訊號出去，通常是以雷射（Laser）或是發光二極體（Light Emitting Diode, LED）來發送資料，而收訊端則是用光敏電晶體（Light Sensitive Transistor）來接收訊息。

　　如下圖，光纖的纖蕊（Core）是用玻璃纖維或是塑膠纖維做的，而纖覆（Cladding）是用會折射光波的材質製成。這樣一來，光波訊號就會在光纖的纖蕊部份，以反覆折射的方式前進。製造光纖電纜時，通常會在外部加上一個外保護層（Jacket）。

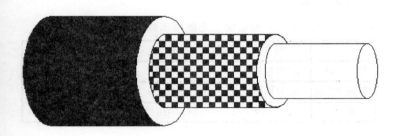

圖2—4　光纖的構造與光波資料傳遞

　　使用光纖的好處有下列幾點：

　　1.因使用光波傳遞資料，所以沒有串音（Cross-talk）的顧慮，也不受到電磁雜訊干擾。

　　2.不會導電，因此也不會短路，在高溫易燃的環境中，也不需擔心會因為光纖線路而造成意外。

　　3.光纖線路上，若有人私自連接其他線路進來，很容易被偵測到，所以資料安全性高。

　　4.頻寬大（大概有 2GHz ， $G = 10^9 = 1,000,000,$

000），可以傳送更多資訊。

　　5.資料可靠度高。

　　6.可傳遞距離更遠。

　　7.光纖纜線耐用，不易損壞。

　　然而，光纖也有一些稍嫌麻煩的地方。首先，雖然光纖的價格持續下降，不過目前使用光纖的成本稍嫌高些，另外，光纖線路安裝與維修都不易。儘管如此，光纖仍然持續發展及採用。由此看來，光纖的確有它瑕不掩瑜的一面。

表2-1　雙絞線、同軸電纜、光纖的比較

	頻寬	最大傳輸速率	有效傳輸距離
雙絞線	250KHz	4Mbps	2 ～ 10km
同軸電纜	350KHz	500Mbps	1 ～ 10km
光纖	2GHz	2Gbps	10 ～ 100km

2.4 無線電波

　　無線電波（Radio Waves）的技術，在你我的日常生活中就常常看得見。像廣播電台的播音、電視台播送節目、以及大哥大（行動電話）。通訊設備不需要任何實體介質（銅線、光纖……等等）的連接，通常是在使用實體介質連接有困難時使用。

　　而在電腦網路的連結，有時也會用上這樣的技術。此種運作方式被稱作「射電頻率」或是「射頻」

（Radio Frequency，RF）。當然，它也像收音機與電視機一樣，需要使用天線（Antenna）。天線有大也有小（就好像碟形天線有大耳朵、小耳朵之分別）。通常需要傳送資料的距離愈遠，天線也就愈大。

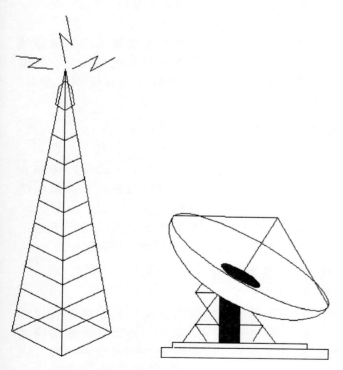

圖 2-5 無線電發射塔與碟型天線

一般無線電波的頻率是在 10KHz 到 1GHz 之間，包括以下三種類型：

1.短波（Short-wave Radio）。

2.特高頻電視訊號（Very High Frequency television, VHF）及調頻無線電（FM Radio）。

3.超高頻無線電與電視訊號（Ultra High Frequency radio and television, UHF）。

有些頻道是受到管制的，使用受管制的頻道必須得到許可。而有些頻道是不受管制，任何人可以自由使用，不過使用非管制頻道比較可能會受到干擾。

無線電波的傳輸方式有三種：

1. 低功率、單頻 （Low-power, single frequen-cy）

所謂「單頻」指的就是單一頻道。這樣的傳輸方式，可以在二十多公尺的範圍內傳遞資料。其傳輸速率在 1～10Mbps（bytes per second，每秒位元組數）。通常在沒有太多障礙物的室內使用。不過這種傳遞方式，容易讓其他的電磁波干擾到。

2.高功率、單頻（High-power, single frequency）

大致上，高功率單頻跟低功率單頻，並沒有太大差別。傳輸速率也在 1～10Mbps，而且也容易讓其他的電磁波干擾到。不同的是，它因為功率較高，訊

號的衰竭減少，訊號能傳遞的距離比較遠一些。

3. 分頻（Spread Spectrum）

這種方式是同時用好幾個頻道，這樣不只可以提高安全性，還能減少干擾，提高資料傳遞時的正確率。分頻還分作直接順序調變（Direct Sequence Modulation）與跳頻（Frequency Hopping）兩種。

直接順序調變，傳輸速率大概有 2 ～ 6Mbps。做法是將資料分成好幾個段落，每個段落傳遞出去的頻道不盡相同。發訊端可能會傳遞出一些錯誤的資料，使得想半途截取資料的人無法得逞。真正的收訊端知道如何接收來自不同頻道的資料段落，過濾掉錯誤的資料，並將正確的資料段落重組，變回完整的資料。（圖 2-6）。

跳頻的做法，是讓發訊端與收訊端能在傳遞資料的過程當中，每到一個特定的時間就同時變換頻道。讓下一段資料以不同的頻率傳遞。對於企圖截取資料的人來說，除非知道雙方在什麼時間會換到什麼頻道，要不然就難以截取資料了。（圖 2-7）。

2.5 微波

微波（Microwave）是一種高頻無線電波，通常是利用圓盤狀的天線發射或是接收電波。相較於一般廣播的電波，漫無目標的散佈訊號，微波訊號是對著

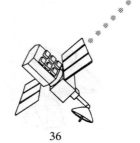

資料段落

頻道 1

頻道 2

頻道 3

發訊端

收訊端

圖 2-6 「直接順序調變」運作方式

特定方向發送出去，也就是說，微波只能直線傳送。

2.5.1 陸上微波

　　陸上微波的操作方式，就是從發訊端傳遞無線訊號出去，由在一段距離外的收訊端接收訊號，其所使用的頻率是在 4 ～ 6GHz 與 21 ～ 23GHz 的範圍內。由於微波訊號是由發訊端直接傳遞至收訊端，其傳遞有方向性，所以收訊端的天線（通常是碟型天線）必須要對準發訊端，而且發訊端與收訊端之間不能有障

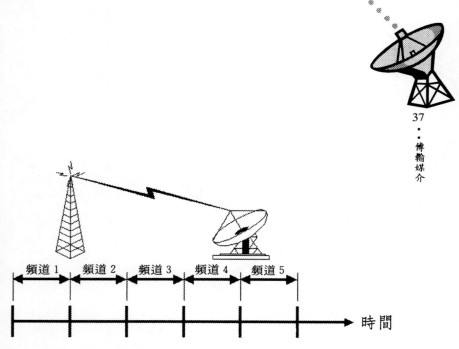

| 頻道 1 | 頻道 2 | 頻道 3 | 頻道 4 | 頻道 5 |

時 間

圖 2-7 「跳頻」運作方式

礙物。

　　微波訊號容易受到障礙物的阻檔，所以微波的收訊端與發訊端的天線，要蓋成如同高塔一般，或是安裝在有一定高度的建築物上。高度要高過周圍的建築物與其他障礙物。有時陸上微波可以利用轉送的方式傳遞到更遠的距離，如下圖。

　　陸上微波的訊號，大多是使用受管制的頻率，使用必須經過許可。另外，確保微波訊號的傳遞品質也不是很容易的事情。因為要讓微波訊號傳遞順利，必須注意天線的方向。而且微波訊號會受到大氣的影響，抗電磁波干擾的能力也欠佳，所以發訊端與收訊端距離遠些，就會降低通訊品質。

電
腦
網
路
與
網
際
網
路

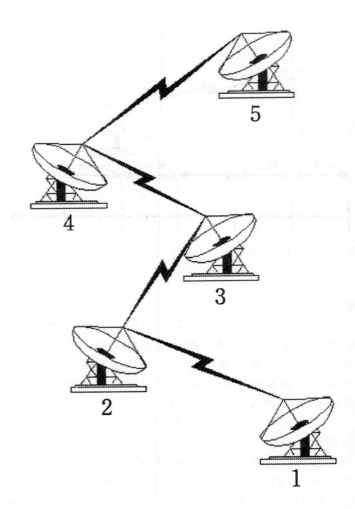

圖2-8 轉送陸上微波訊號(1=>2=>3=>4=>5)

2.5.2 衛星微波

我們都知道，地球表面是呈圓球狀的。要用陸上微波的通訊方式，傳遞訊號到遠一點的地方，中間可能要經過非常多的轉送站。這倒也罷，要是遇上需要跨海傳遞訊號的話，陸上微波的通訊方式恐怕就行不通了（因為我們很難把傳遞訊號的天線架在海上）。

這個時候，我們可以由發訊端傳遞訊號到人造衛星上，經由人造衛星接收後，由衛星內的異頻雷達收發機（Transponder）來放大訊號，再傳遞至地面收訊站，這種方式叫做衛星微波。

如同陸上微波一樣，衛星微波也是傳遞有方向性的微波訊號。不同的是，衛星微波是利用人造衛星來轉送訊號，所以訊號可以傳遞到非常遠的地方。這樣的人造衛星是位於距離地面約有 22,300 哩的高空上。

如下圖，衛星微波系統的發訊端傳遞訊號到人造衛星上，再由人造衛星將訊號轉送到收訊端。雖說這樣的通訊方式可以將訊號傳遞到相當遠的地方，不過因為距離的關係，可能會發生延遲的情形。而且要用到人造衛星，勢必要提高成本與技術。

補充：其他種類的衛星

地表同步衛星

由於人造衛星是繞行地球軌道運行的，如果它繞行地球的速度與地球自轉的速度不同的話，可能同一

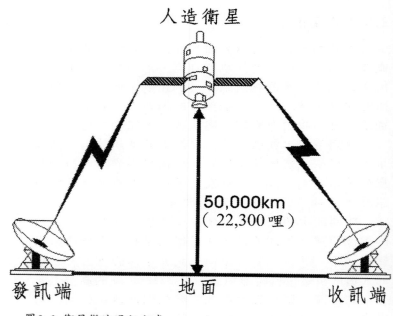

人造衛星

50,000km
（22,300哩）

發訊端　　　　　　　地面　　　　　　收訊端

圖2-9 衛星微波通訊方式

顆衛星，一下子跑到美國上空，一下子又跑到台灣上空。也就是因爲如此，如果要讓一枚人造衛星，保持在相對於地面上方的固定位置，就必須要讓它繞行地球的速度，保持在與地球自轉相同的速度。這樣的衛星就叫做「地表同步衛星」（Geosynchronous Satellites 或是 Geostationary Satellites）一般簡稱爲「同步衛星」。而這樣的衛星所運行的軌道，就叫做「地表同步地球軌道」（Geostationary

Earth Orbit, GEO）。從地面上觀察，這些同步衛星是一直保持在同樣的位置。地表同步地球軌道，大約是在地表上方 20,000 哩的地方，大概是地球與月球距離的十分之一。

低地球軌道衛星

有一種人造衛星，它的軌道比起同步衛星，可說是相當接近地面。距離地面大約只有 200 至 400 哩之間。這種人造衛星，叫做「低地球軌道衛星」（Low Earth Orbit Satellites），它們繞行地球一周大概只要 1.5 小時，並不會保持在相對於地面上方的某個固定位置。因此，必須要等到它繞行到收訊站與發訊站之間時才能使用。另外，因為這種人造衛星相對於地表，是一直移動著的，所以在使用衛星時必須搭配一種相當精密的控制系統，以達最大效率。

針對這種人造衛星必須等到它繞行到收訊站與發訊站之間時才能使用的缺點，可以使用「低地球軌道衛星陣列」（Low Earth Orbit Satellite Arrays）來改進。也就是用許許多多個衛星（最少 66 個），分佈到各個軌道上，使整個地球表面的任兩個收訊站與發訊站，都有至少一個衛星可用。有時也可以從發訊站發射訊號之後，經由陣列內衛星與衛星之間的轉送，將訊號轉達到收訊站。例如，從台灣的一個發信站，發射訊號到一個衛星上，這個訊號的目的地是位於法國的一個收訊站，那麼這個訊號將在衛星之間先被轉送到法國上空的衛星，在傳送至地面的收訊站。

2.6 紅外線

紅外線傳輸（Infrared Transmission）是一種無線遙控的技術，我們家中常見的電視、音響用的遙控器，就是使用紅外線。紅外線不會受到電磁波的干擾，也不需申請使用無線傳輸的頻道，但其傳輸容易受到障礙物的阻擋，而且在強光的環境下，紅外線會被「稀釋」而降低效能。

利用紅外線傳輸資料有「點對點」與「廣播」兩種方式，點對點式的紅外線傳輸，就是利用高聚焦光線來傳遞訊號。發訊端需對準收訊端，而且中間沒有障礙物，才能順利傳遞資料（就好像遙控器一樣）。

廣播式紅外線傳輸，就是由發訊端向四周發散出訊號，讓一個以上的收訊端能同時接收到訊號。利用這種方式，發訊端與收訊端之間的相對位置就不是那麼重要。不過效能比較差一點，傳輸速率一般都只用到 1Mbps 。

2.7 本章回顧

1. 雙絞線的構造，可以減少電磁干擾與串音的現象。
2. 雙絞線可分為「無遮蔽式雙絞線」與「有遮蔽式雙絞線」。
3. 使用同軸電纜的好處，是在於它的成本低，安裝與擴充都很容易，且電磁波不易干擾。
4. 光纖是以光來傳遞資料，光波訊號會在光纖的纖蕊部份，以反覆折射的方式前進。
5. 無線電波以頻率分類，可分為「短波」、「特高頻電視訊號及調頻無線電」、「超高頻無線電與電視訊號」。若以傳遞方式分類，可分為「低功率、單頻」、「高功率、單頻」、「分頻」。
6. 微波訊號是對著特定方向發送出去。分為「陸上微波」與「衛星微波」。
7. 紅外線傳輸分為「點對點式的紅外線傳輸」與「廣播式紅外線傳輸」。

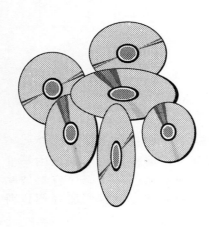

第三章
資料傳輸概論

在前一章，我們介紹了一些資料傳輸的媒介。不論用什麼樣的媒介，電腦真正看得懂的，就是由一堆二進位數字所組成的機器語言而已。不過，資料傳輸還是可以用許多不同的技術。這一章我們要介紹資料傳輸的一些概念。

3.1 頻率、週期與波長

通訊系統之間的訊號，如果是以規則的波形傳遞的話，都會有一定的頻率、週期、波長。

3.1.1 波長

所謂的波長（Wavelength）就是完成一個連續波形的兩個相對應點的直線距離。波長是以一個希臘字母 λ（Lambda）這個符號來代表。

3.1.2 頻率

頻率是每一個單位時間（通常是秒）之內，會有幾個連續波形完成，最常用到的頻率單位是 Hz（Hertz）。例如 100Hz 就是每秒會有 100 個連續波形完成。

3.1.3 週期

週期是每完成一個連續波形需要的時間（通常是秒）。它是頻率的倒數，也就是（1／頻率）。

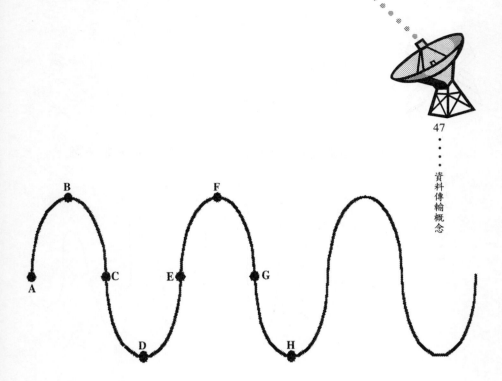

圖 3-1　規則的波形

　　至於何謂「一個連續波形」？上圖中，不論是 A
點到 E 點、B 點到 F 點、C 點到 G 點，還是 D 點到 H
點，都可以算是一個連續波形。它們的直線距離都是
波長。

　　波長和頻率與速度有很密切的關係。電磁波的行
進速度，等於波長乘以頻率。

3.2 類比訊號與數位訊號

　　所謂的類比（Analog）訊號，是一種連續不間斷
波形的訊號，我們平常說話聲音的音波就是類比訊
號。而數位（Digital）訊號是只有高電位與低電位

的不連續波形，通常以 0 與 1 作分別，如下圖。

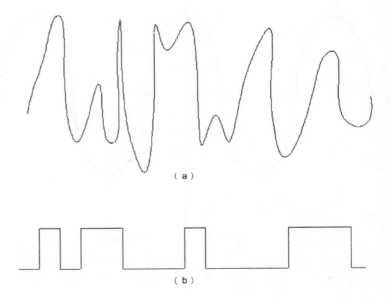

（a）

（b）

圖 3-2　（a）類比訊號與（b）數位訊號

　　假設有一條電線，連接在兩個裝置上，以低電位代表 1，高電位代表 0。發訊端在一瞬間傳遞一個高電位，收訊端收到了此高電位後，將記錄爲收到了一個 0；發訊端在一瞬間傳遞一個低電位，收訊端收到了此低電位後，將記錄爲收到了一個 1。這樣就可以傳遞電腦所能看得懂的，由 0 與 1 所組合而成的機器語言了。

3.3 並列傳輸與串列傳輸

　　所謂並列傳輸（Parallel Transmission），
就是在兩個裝置之間，有多條線路同時傳輸資料的方
式，如下圖。

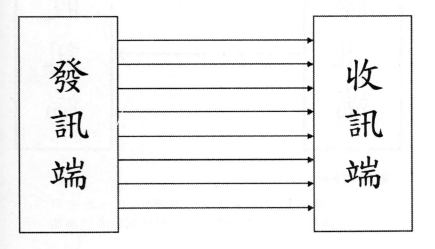

圖 3-3　並列傳輸

　　並列傳輸的好處是效率高，但是要用於長距離的
資料傳輸的話，可能要架設非常多的線路，架設與維
修的費用會非常高。因此這種傳輸方式幾乎都使用於
近距離資料傳輸。

　　而串列傳輸（Serial Transmission）的效率雖
然比不上並列傳輸，但是卻可以彌補並列傳輸的缺

點。因為兩個裝置之間只有一條傳輸資料的線路，所以架設與維修的費用是比較便宜。

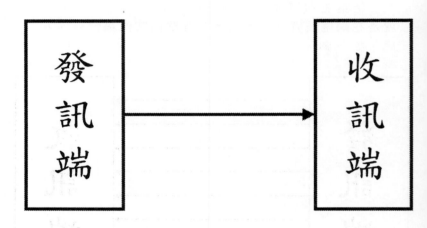

圖 3-4 串列傳輸

　　長距離傳輸大多使用串列傳輸。下一節要講的「非同步傳輸」與「同步傳輸」，都是屬於串列傳輸。

3.4 非同步傳輸與同步傳輸

　　在同步（Synchronous）傳輸與非同步（Asynchronous）傳輸的通訊方式中，收訊端能了解發訊端傳出的訊息，其開始與結束的時間與位置。兩種傳輸方式的差別，就在於發訊端與收訊端的時序（Timing）同步的方式來區分的。

在非同步傳輸通訊方式中，發訊端與收訊端在資料傳遞的動作開始之前，發訊端需要先傳遞一個起始位元（Start Bit），收訊端收到了起始位元，就會準備接收資料。而在資料傳遞完畢後，發訊端會傳遞一個終止位元（Stop Bit）給收訊端，表示資料已經傳遞完畢。

圖 3-5　非同步傳輸

同步傳輸比起非同步傳輸來得有效率。在同步傳輸的方式中，發訊端與收訊端各有一個控制傳輸同步用的時鐘（Clock），如此一來，發訊端的傳輸動作與收訊端的接收動作就會同時發生。

非同步傳輸是以一個位元組為單位，而同步傳輸是以多個位元組為單位一次傳送，每一次傳送的多個位元組統稱為「資料段」（Block）。每個資料段的前端都有前序（Preamble）符號，後端也有後序（Postamble）符號。

同步傳輸有兩種方式，第一種方式，是在發訊端與收訊端之間，加裝一條獨立的同步訊號線，較適合短程的傳輸方式。第二種方式，是在資料區塊加上同步訊號一起傳輸，較適合長距離的傳輸方式。

3.5 波特率（Baud Rate）

波特率（Baud Rate），是由法國工程師 Jean-Maurice-Emile Baudot 所發明，指的是每秒所能傳輸的資料數目，可以用來表示電腦與周邊設備之連續資料流量大小，也就是傳輸的速率。根據 RS-232 的標準，此「資料」就是以位元為單位，所以波特率就代表每秒所能傳遞的位元數，例如，33600baud 就是每秒傳遞 33600 位元。目前符合 RS-232 標準的各種硬體裝置，包含有許多種波特率，這些裝置的波特率可能是固定的，或者也有可能是以手動或自動的方式設定。

3.6 單工、半雙工與全雙工

只能單一方向傳遞資料傳輸方式，稱為「單工傳輸」（Simplex Transmission），就好像電視台一樣，電視台那邊可以對觀眾說話，但觀眾沒辦法透過電視機對電視台那邊通話。

所謂「半雙工傳輸」（Half Duplex Transmission），就是資料可以雙向傳輸，但同一時間只能從一個方向傳輸資料的傳輸方式，就好比無線電，使用無線電的兩方，在同一時間內，只能由其中一方對另一方說話。

資料可以同時從兩個方向互相傳遞，也就是甲端傳至乙端的同時，乙端也可以傳遞至甲端，這種傳輸

方式，一般稱爲「全雙工傳輸」（Full Duplex Trans-
mission）。就好比在打電話一樣，甲乙兩人通話時，
甲對乙說話，同時已也可以對甲說話。

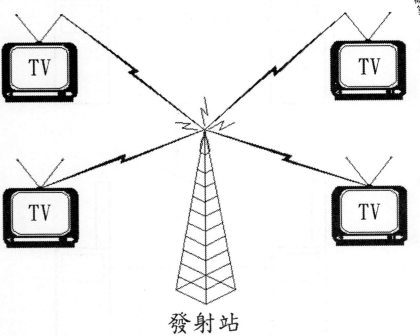

發射站

圖 3-6　單工傳輸（單工就好比電視機，只能從電視台傳送影
音資料到電視機上，電視機無法傳遞資料到電視台）

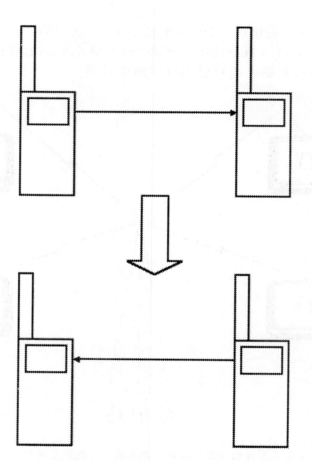

圖 3-7　半雙工傳輸（半雙工就好比無線電對講機，同一時間只能由一方講話，另一方只能聽。在講話那一方講完後切換過來，另一方面才能講話）

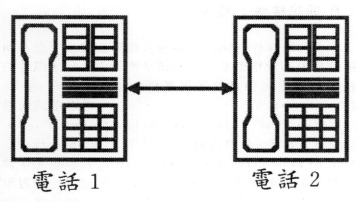

圖 3-8　全雙工傳輸（全雙工就好比電話，兩邊的聲音都可以同時雙向傳遞）

3.7 頻寬

　　頻寬（Bandwidth）是指頻率寬度，就是允許傳輸資料的訊號，其最高頻率減最低頻率的差。例如說，一個資料傳遞系統，它可以傳遞頻率為 800 ～ 8000Hz 的訊號，那麼這個系統的頻寬就是（8000 － 800）Hz。

　　我們常見的電視、收音機，其訊號都是在一個頻寬的範圍之內，分成多個頻道來傳遞訊號。現在的網際網路，傳遞訊號也會受到頻寬的限制，尤其是利用數據機（MODEM）撥接上網的使用者，因為頻寬的限制，傳遞資料的速率沒辦法太快。

3.8 通訊標準（RS-232）

不同廠商的通訊設備要能互相搭配使用，就必須要有相同的規格標準。這些標準都是由一些國際性的組織所制定，像是電子工業協會（Electronic Industries Association, EIA），國際電訊同盟（International Telecommunications Union, ITU），以及電子電機工程師協會（Institute for Electrical and Electronic Engineers, IEEE）等等。他們所制定的標準包含著許多項目，許多的廠商也都遵照著這些標準來生產設備。任意兩個遵循同樣標準的廠商所製造出來的產品，理論上都能夠順利地搭配使用。

由 EIA 所制定的 RS-232-C，一般簡稱為 RS-232，是一種非同步傳輸（Asynchronous Transmission）介面，它不但廣為人知，也是廣泛應用的標準。RS 為 Recommend Standard 的縮寫，232 則是一個代碼。RS-232 也可被稱為 EIA-232。主要內容為終端機（Terminal）、數據機（Modem）、鍵盤（Keyboard）等周邊，與電腦主機之間連接的各項規範標準。例如，在 RS-232 的標準中，共有 25 條資料傳輸線。其中包含 12 條訊號控制線，4 條資料傳輸線，以及 2 條接地（Ground）線。而其他的是暫時保留或還沒有被定義。

也就是因為 RS-232 這套標準是為了終端機、數據機、鍵盤這類的周邊所設計，因此對於字元

（Character）的規格標準記載得相當詳細。根據 RS-232 的標準，每個字元由 7bits 所組成。不過，其實它也可以用來傳輸 8bits 的字元。

根據 RS-232 的標準，當裝置之間沒有資料在傳遞，也就是在閒置（Idle）的狀態時，傳遞媒介是保持在位元為 1 的狀態。也就是維持在低電位，不會有電壓為零的狀況。當做傳遞一個位元的開始或結尾也不可以有電壓為零的狀況。發訊端傳遞訊息與收訊端接收訊息，需要同步進行，而且傳遞每一個位元的時間均需相等。這就要靠收訊端的計時器（Timer）來幫忙了。當第一個字元傳到收訊端時，收訊端會啟動一個計時器，到了固定的間隔時間，就視為此一位元的結尾，同時也是下個位元的開端，如此即可分辨每個位元的分別。

非同步傳輸的通訊方式，開始傳遞之前，會先傳遞一個起始位元（Start Bit）。有起始位元，相對的也有一個終止位元（Stop Bit）讓收訊端知道傳遞結束。RS-232 規範一個字元傳遞完畢的終止位元，一直到下一個字元的起始位元之間的閒置時間要最小化。

一般 PC 上會有兩組 RS-232 介面，分別稱為 COM1 和 COM2，此介面通常是用來連接數據機與滑鼠。此外，還可以連接 COM3 及 COM4，不過因為 COM1 與 CCM3 共用 IRQ（Interrupt Request）4，而 COM2 與 COM4 共用 IRQ3，所以在這四個 COM ports 中，通常最多只能使用其中兩個。

3.9 本章回顧

1. 波長就是完成一個連續波形的兩個相對應點的直線
   距離。頻率是每秒,會有幾個連續波形完成,單位
   是 Hz。週期是每完成一個連續波形需要的時間(通
   常是秒)。

2. 類比訊號是一連續波形的訊號,我們說話聲音的音
   波就是類比訊號。而數位訊號是只有高電位與低電
   位的不連續波形。

3. 並列傳輸是在兩個裝置之間,有多條線路同時傳輸
   資料的方式;串列傳輸就是兩個裝置之間只有一條
   傳輸資料的線路。

4. 同步傳輸與非同步傳輸的通訊,是以發訊端與收訊
   端的時序之同步方式來區分。

5. 波特率是指每秒所能傳輸的資料數目,可以用來表
   示電腦與周邊設備之連續資料流量的大小。

6. 頻寬是最高頻率減最低頻率的差。

7. EIA 所制定的 RS-232,是最常見的通訊標準。

第四章

封包與錯誤偵測

　　假使在網路上，發訊端與受訊端都是一對一的傳輸，那麼使用前面的章節所介紹的網路傳遞技術就夠用了。但是實際上，網路上的發訊與收訊大多是多對多的情形。

　　也就是因為如此，專家們開發出了一種利用「封包」（Packet）來傳遞資料的技術，以提升傳輸效率。本章將介紹封包傳遞的技術。

4.1 什麼是封包？

　　如果網路上的電腦在傳遞資料時，是以獨自佔用一條線路的方式，不斷地傳遞資料，則會影響資料傳遞的效率，因為可能還有其他需要傳遞資料的電腦，沒辦法佔用到線路。

　　實際上，大多數的電腦網路在傳遞資料時，是將資料分成一小塊一小塊的資料段（Block）來傳遞，一般稱之為封包。而利用封包技術傳遞資料的電腦網路，則稱之為「封包網路」（Packet Network）或是「分封式交換網路」（Packet Switching Network）。

　　封包技術的運作方式，大致來說，就是將要傳遞的資料切成一小塊一小塊，再加上一些控制訊號（發訊端電腦與收訊端電腦的地址等等）。就好像把資料裝進一個寫著收信地址與寄信地址的信件，然後將之寄出去那樣，網路上的電腦會依照每個封包的收訊端地址，將資料傳至收訊端電腦。

　　每一個封包傳送的路徑不盡相同，當某個傳遞路徑發生擁擠的情形時，封包可能會改走其他路線。就好像一位駕駛人要開車經過某一塞車的路段時，可能會選擇繞別條路來行駛。不論封包傳遞的路徑為何，最後都會傳遞至收訊端電腦，由收訊端電腦將所有收到的封包，重新組合還原成原始的資料。

4.2 封包傳輸的概念

　　封包傳輸，我們可以把它想做是每一台電腦，把它們要傳輸的資料分割成一個個的封包，再輪流傳遞封包，如下圖。

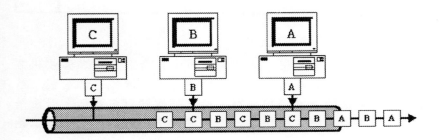

圖 4-1　封包傳輸的觀念

　　這樣一來，就不會有的電腦一直傳資料，而其他電腦卻苦無線路可傳資料出去，效率也就提高了。

4.3 封包與資料框

事實上，封包與資料框（Frame）並沒有什麼不同。差別在於，當我們使用「資料框」這個名稱，就表示它在電腦網路上是有一定的格式規範的。通常一個封包的最大長度為 1024 位元（Bit），它的結構大致上可分為標頭起始端（Start Of Header, SOH），封包資料，以及傳輸末端（End Of Transmission, EOT），如下圖。

SOH	資料	EOT

圖 4-2　資料框的結構

在標頭起始端裡的資料，包含有發訊端與收訊端位址，線路號碼，封包序號等等。傳輸一個封包，首先是傳遞標頭起始端，再來是傳遞封包資料，最後是傳輸末端，緊接著就是要傳遞下一個封包的標頭起始端。

4.4 傳輸失誤

在網路上傳輸資料，不一定每次都能如預期般地
順利。有時會受到某些因素的影響，造成：

1. 資料不見，收訊端收不到資料。
2. 資料發生異常變化，收訊端收到的是錯誤的資
   料。
3. 發訊端沒有傳輸資料，但收訊端卻收到資料。

這些現象統稱為傳輸失誤（Transmission
Error）。會造成傳輸失誤，可能是因為有閃電，可
能是因為電源不穩定，或者受到其他電磁波的影響。

4.5 同位核對

既然在網路上傳輸資料，可能會出現資料傳輸失
誤的情形，專家們開發出了一些防止收訊端錯誤地接
收資料的技術，其中一種叫做「同位核對」（Parity
Check）。

同位核對包含有兩種模式：奇數（Odd）與偶數
（Even）。這樣的技術，需要在資料中加入一個同位
位元（Parity Bit），藉由資料中 1 的個數，使收
訊端能夠辨認所收到的資料是否正確。舉例來說，在
奇數模式的同位核對下，資料 0101001 的同位位元必

須爲 0 ，因爲原資料包含奇數個 1 ，再加上同位位
元，所包含 1 的數目仍是奇數。而資料 0011011 的同
位位元必須爲 1 ，因爲原資料包含偶數個 1 （這樣通
不過同位核對），再加上同位位元，所包含 1 的數目
就變成奇數。

4.6 核對總和

　　同位核對的方式，效果其實很有限。因爲正確的
資料 100% 可以通過偵測，錯誤的資料也可能有一半
可以通過同位核對，如果錯誤的資料中有偶數個資料
被改變過，那麼這個錯誤的資料還是可以通過同位核
對。

　　所以，我們還需要一些其他的偵錯方式，許多網
路系統採用「核對總和」（Checksum）的方式。簡單
地說，就是將資料轉換爲二進位數字，並計算它們的
總和，這樣的方式偵錯效果比同位核對要來得好。

　　但是，錯誤的資料經過 Checksum 的結果，還是
有可能會跟正確的資料經過 Checksum 的結果相同，
而通過了偵錯，如下圖。

二進位資料	轉換成十進位
0000	0
0010	2
0110	6
0011	3
Checksum	11

（a）

二進位資料	轉換成十進位
0001	1
0011	3
0011	3
0100	4
Checksum	11

（b）

圖 4-3　錯誤的資料也可能通過核對總和（a）正確的資料（b）錯誤的資料

　　既然會有這種顧慮，想必我們還需要更先進的偵錯技術。

4.7 循環重覆核對

　　「循環重覆核對」（Cyclic Redundancy Checks, CRC）是一種用在資料傳輸之後驗證其正確性的演算法。CRC 是一種用複雜的數學方法來偵錯的方式。當計算出 CRC 字元之後，會將此 CRC 字元隨著資料一起傳輸到收訊端。當收訊端收到這些資料後，會重新核算 CRC 字元，以確保資料確實無誤，正確性相當高。
　　一般說來，CRC 可以分為使用 16 位元的數字運算來產生一個 CRC 碼的 CRC-16 與使用 32 位元的數字

運算來產生一個 CRC 碼的 CRC-32 兩種。 16 位元的 CRC 可以檢查出 99.998% 的錯誤。 32 位元的 CRC 可以檢查出 99.999999977% 的錯誤。

　　除了網路上傳遞資料之外，ZIP 壓縮檔案也會使用 CRC，來檢查壓縮後的資料正確與否。

4.8 本章回顧

1. 大多數的電腦網路在傳遞資料時，是將資料分成一小塊一小塊的資料段（Block）來傳遞。一般稱之為封包（Packet）。
2. 利用封包技術傳遞資料的電腦網路，則稱之為「封包網路」或是「分封式交換網路」。
3. 當我們使用「資料框」這個名稱，就表示它在電腦網路上是有一定的格式規範的。
4. 傳輸失誤的現象可能有：
   a. 資料不見，收訊端收不到資料。
   b. 資料發生異常變化，收訊端收到的是錯誤的資料。
   c. 發訊端沒有在傳輸資料，但收訊端卻收到資料。
5. 偵錯的方法有：
   a. 同位核對。
   b. 核對總和。
   c. 循環重覆核對。

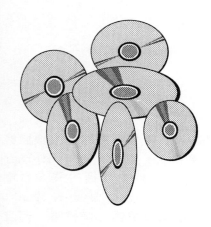

第五章
區域網路

提到網路，可能很多人就聯想到電腦經由數據機的撥接來上 Internet。事實上，並不是只有 Internet 才叫做網路。譬如說，在同一棟大樓裡的許多台電腦，可以經由區域網路（Local Area Network, LAN）的技術，使得這些電腦自己組織成為一個網路，而且每台電腦還可以分享網路上的各項資源，如：磁碟機、印表機。我們將在接下來的幾章介紹區域網路的各項細節。

5.1 區域網路的概念

所謂區域網路，就是架設在小範圍內的網路，例如：一間辦公室，一棟建築物之內的網路，都可以算是區域網路。那麼，網路上的這些電腦要如何連線呢？

若是在網路上，每一台電腦兩兩之間都有獨立的連線，也就是「點對點網路」（Point-To-Point Network）的連線方式，網路上的各個電腦連線，可以不使用相同的頻寬。而且電腦要傳遞資料時，也可以很清楚的知道該往哪裡傳遞。並且在資料的安全與隱私也可以受到保障，這都是因為彼此的連線都是各自獨立的。

也就是因為彼此的連線都是各自獨立的，所以當網路上的電腦數量愈來愈多時，連線的數量也就跟著快速增加，網路的擴充性也就愈來愈差。

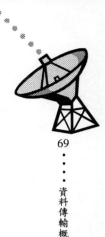

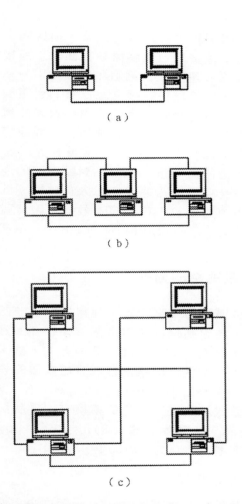

（a）

（b）

（c）

圖 5-1　使用點對點的方式，分別連接兩台、三台、四台電腦。

　　由上圖，我們可以觀察出來，連接兩台電腦，只要一條線；連接三台電腦需要三條線；連接四台電腦需要六條線。連接 N 台電腦，需要（$N^2 - N$）／ 2 條線。另外，假設現在在網路上已有 N 台電腦，當我們要加入一台新電腦時，我們要爲這台新的電腦，與網路上已有的 N 台電腦，每台都建立一條連線，也就是 N 個連線。假如在 Internet 上，N 等於好幾千萬，甚至好幾億的情形下，使用點對點網路的連線技術的話，恐怕會使得網路連線施工人員瘋掉。就算是在區域網路上，通常也不符合經濟效益。因此區域網路的線路設計，通常不採用 Point-To-Point 這樣的技術。

5.2 區域網路的拓樸

　　區域網路的線路設計，通常是採用一個共用的傳輸媒介，各電腦輪流使用這個傳輸媒介。然而，同樣是 LAN ，節點與節點之間排列組合的方式，卻還有不同的規劃，這些「網路上各個實體裝置的連接規劃方式」，一般稱之爲「拓樸」（Topology）。

　　在區域網路上，常見的拓樸有：星狀拓樸（Star Topology）、環狀拓樸（Ring Topology）、以及匯流排拓樸（Bus Topology）。

5.2.1 星狀拓樸

　　在星狀拓樸的 LAN 中，有一個中央電腦，其他的電腦全部都連線到此中央電腦。在傳遞資料時，發訊

端將資料傳遞至中央電腦，再由中央電腦將資料傳遞
給收訊端。

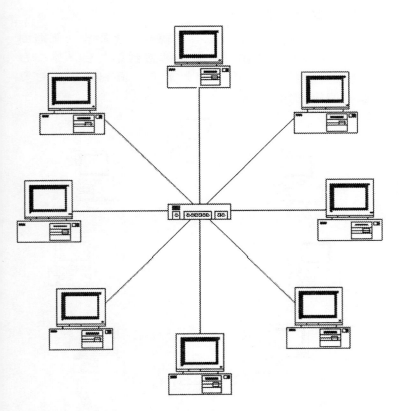

圖5-2　星狀拓樸

　　中央電腦負責系統資源的分配，以及各個電腦間的通訊。中央電腦的速度與穩定性是非常重要的，因為這直接影響到網路的效率。

5.2.2　環狀拓樸

　　環狀拓樸，就是把 LAN 的線路，圍繞成一個迴圈（Loop）。也就是第一台電腦連接到第二台，第二台電腦再連接到第三台，如此下去，直到最後一台電腦，連接到第一台。

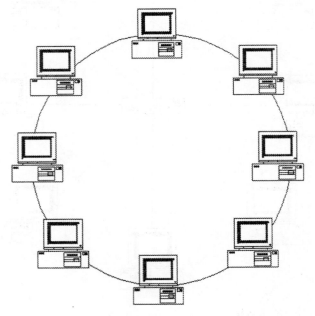

圖5-3　環狀拓樸

在環狀拓樸的網路上傳遞訊號，每經過一台電腦，都會做一次再生（Regenerate）與偵測的動作。確保訊號不會衰弱，也不會發生錯誤。不過，要是網路中的任何一台電腦或任何一條線路出了問題，將影響整個網路的運作。

5.2.3 匯流排拓樸

匯流排拓樸，是將所有的電腦，經由連接器（Tap）各自連接一條線到同一條主線路上的技術。只要主線路能暢通，不論任何一台電腦故障，都不會影響到網路上其他電腦的運作。（如圖 5-4）

目前在 IEEE 的規格標準中，有一種叫做「乙太網路」（Ethernet）的標準，就是使用匯流排拓樸。發訊端將資料在主線路上散播出去，而只有收訊端會將資料從主線路拷貝下來。（如圖 5-5）

5.3 環狀拓樸之範例

剛剛介紹過，環狀拓樸是把 LAN 的線路，圍繞成一個迴圈。現在來看看環狀拓樸的幾個例子：

5.3.1 Token Ring

目前大部分的環狀拓樸之區域網路，都是使用 IEEE802.5 標準，也就是「記號環網路」（Token Ring Network）的技術。在這樣的網路當中，有一個「記號」（Token），這個記號是表示傳遞資料的資格，拿

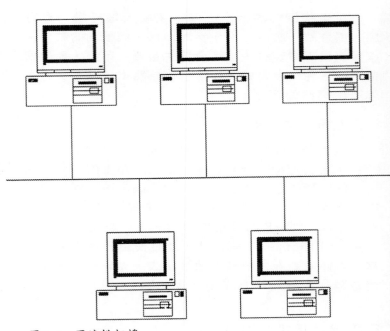

圖5-4　匯流排拓樸

到這個 Token 的節點才能夠傳遞資料。

　　所以網路上的任何一台電腦，在開始傳遞資料之前一定要取得這唯一的 Token ，才能傳遞資料（每次只能傳一個資料框，若有多個資料框，則必須等到下次拿到 Token 時才能再傳一個資料框），傳完之後再把 Token 交給下一台電腦，若下一台電腦沒有資料要傳輸，它會再把 Token 再交給再下一台的電腦，沒有取得 Token 的電腦是無法傳遞資料的。（如圖 5-6）

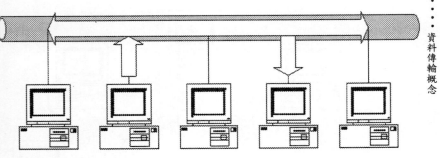

圖5-5　Ethernet

　　由於 Token 是一段資料，所以網路上傳遞的資料
有可能被錯誤解譯爲 Token ，這就要用 Bit Stuff-
ing ，也就是「位元塡塞」的技術來防範了。

5.3.2 FDDI

　　光纖分散式資料介面（Fiber Distributed Data
Interface, FDDI ）是一種由美國國家標準協會
（ANSI）所制定的光纖網路標準，它採用環狀拓樸爲
基礎，其傳輸速度可以達到100Mbps 。在傳輸距離方
面，使用多模光纖 FDDI ，兩個節點之間最大距離爲
2 公里，若換成單模光纖的話，傳輸距離可達 60 公
里。

　　由於傳統環狀網路，包括 Token Ring Network ，
都有一個缺點，就是在任一台電腦故障時，整個網路
都沒辦法使用。（如圖 5-7）

圖5-6 Token Ring的運作方式

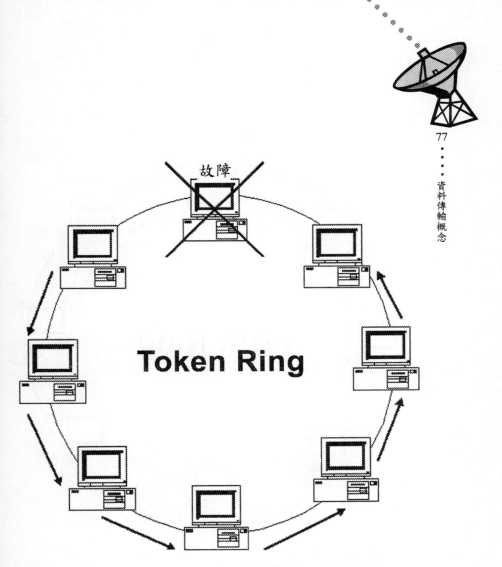

圖 5-7　在 Token Ring 網路上，某一台電腦故障，造成網路不通

　　因此，專家改良 Token Ring 的技術，開發「光纖分散式資料連結」（Fiber Distributed Data Inter-connect，FDDI）的技術，如下圖。

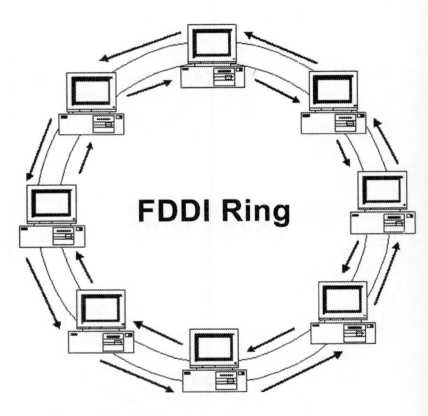

圖 5-8　FDDI 網路

　　FDDI 使用雙迴圈光纖線路，使得傳遞效率增加。不僅如此，在主線路之外還有一條副線路，在網路上其中一台電腦故障時，經由主副兩線的搭配，還是可以讓網路正常地運作，如下圖。

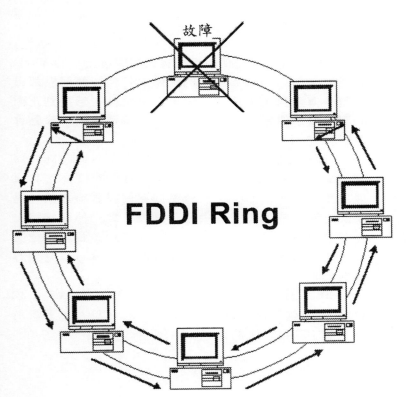

圖 5-9　在 FDDI 網路上，有一台電腦故障，不過網路還是可以
正常運作

　　FDDI 網路上的這些節點被分為 AB 兩級，A 級的
節點連接主副兩線，但是 B 級的節點只連接主線路。
當主線路故障時，只有 A 級的節點可以用副線路繼續
運作。FDDI 可能是下一代區域網路的重要角色。

5.4 CSMA

　　早期在網路上是使用夏威夷大學開發出來的 ALOHA 的技術。使用 ALOHA 技術的網路，任何一個節點都可以隨時傳遞封包，節點在送出封包之後，若接到正面回應，表示傳遞成功，否則就視爲傳遞失敗，節點會重新傳遞封包。

　　「載波監聽多址存取」(Carrier Sense Multiple Access, CSMA) 是由 ALOHA 改良而來的技術。其原理爲：在乙太網路上，一台電腦要傳遞資料之前，爲了防止封包在傳遞過程中發生碰撞，會先偵測線路上是否有資料正在傳遞。若有，就要等到該資料傳遞完畢，才可以傳遞自己的資料。若沒有，就可以立刻傳遞自己的資料。

　　CSMA 分爲三種：(1) Nonpersist CSMA；(2) 1-persist CSMA；(3) P-persist CSMA。下表爲這三種 CSMA 技術的比較。

表5-1　Nonpersist CSMA、1-persist CSMA與P-persist CSMA 的比較

CSMA 種類	網路線路狀態	
	閒置	忙碌
Nonpersist CSMA	立即傳送封包。	等待一段隨機決定的時間之後，再偵測線路是否閒置。
1-persist CSMA	立即傳送封包。	持續偵測線路是否閒置，一旦線路閒置，立即傳送封包。
P-persist CSMA	送出封包的機率＝P，延後一段時間，然後再送的機率＝（1－P）；0<P<1	持續偵測線路是否閒置，一旦線路閒置，按照左列的處理方式處理。

CSMA 的「碰撞」問題

　　上述的 CSMA 會有一個問題存在，就是網路上的兩台電腦同時偵測到線路呈閒置狀態，同時將資料傳遞出去，這樣會發生衝突的情形，也就是所謂「碰撞」（Collision）。

5.5 CSMA/CD

由 IEEE（電子電機工程師協會）制定的 IEEE
802.3 標準，是以 CSMA 為基礎，再增加碰撞偵測功
能的技術而發展出來，叫做「偵查碰撞式載波監聽多
址存取」（Carrier Sense Multiple Access with
Collision Detection, CSMA/CD）。當電腦偵測
到線路上正在傳遞的資料，有碰撞的情形發生時，就
會立即停止傳遞資料，並發出混亂（Jamming）訊號，
通知其他所有電腦。並且等待一段時間後，再偵測網
路線路是否閒置，若是則繼續傳遞。

不過，如果碰撞訊號來源的兩台電腦，同時偵測
到碰撞的情形，之後等待同樣的一段時間，再同時偵
測到網路線路是閒置的，再同時重新傳遞資料，又會
發生第二次碰撞。這樣循環下去，資料永遠無法傳
遞。

所以，在碰撞發生後的等待時間不能固定。根據
CSMA/CD 的規範，等待的時間範圍為 0 到 2^n（n 為嘗
試重新傳遞資料的次數）個時間單位（一個固定的時
間長度，例如：0.1 秒）。以隨機抽取亂數的方式來
決定等待的時間。

在 CSMA/CD 的規範下，節點之間使用曼徹斯特
（Manchester）編碼法傳遞資料，位元 0 以「先高後
低」電位表示；而位元 1 則是以「先低後高」電位表
示。

5.6 CSMA/CA

在無線的區域網路（Wireless LAN）中，也可以引用 CSMA 的技術。但是由於在無線的網路裡，每台電腦是在空中彼此傳遞資料，有些電腦可能因為彼此之間的距離太遠，沒辦法偵測到別台電腦是否正在傳遞資料，發生碰撞時也未必偵測得到。

所以，在無線的區域網路中（例如：Apple 公司的 LocalTalk），是使用「防止碰撞式載波監聽多址存取」（Carrier Sense Multiple Access With Collision Avoidance, CSMA/CA）的技術，來避免碰撞的發生。在發訊端要開始傳遞資料之前，會先送一個簡短的控制訊號，在收訊端收到此訊號後，等到其準備好要接收資料時，收訊端也會送一個控制訊號給發訊端，讓發訊端知道收訊端已經準備好要接收資料，然後發訊端就會開始傳遞資料。

5.7 收訊端電腦在哪裡呢？

在網路上傳遞資料的過程中，資料會經過很多台電腦。但是，網路上的電腦何其多，怎麼知道資料是從哪一台電腦來，要到哪一台電腦去？如何讓收訊端電腦能正確地收下傳給自己的資料？

在 LAN 上，大多是利用「位址架構」（Addressing Scheme）的技術。只要是網路上的電腦都會被指定一

個「實際位置」（Physical Address）。實際位置是一個數值，每台電腦的實際位置都不同，因此，實際位置可以用來區分每一台電腦。

這樣的技術，就好像我們家家戶戶都有不同的門牌號碼一樣。因為每一戶人家都有不同的門牌，郵差才能知道應該將郵件送到哪一戶。

資料框裡面，含有資料的來源與目的地電腦之位址，分別稱為「來源位址」（Source Address）與「目標位址」（Destination Address），就好像一封信的信封，上面有寄件人地址與收件人地址一樣。

LAN 上的每一台電腦，都可以經由與網路之間的介面裝置，來過濾每一個資料框。如果資料框的目標位址與自己電腦的實際位置相符合，那麼這個資料框就會被傳遞到電腦內。否則，該資料框就會被忽略過去。

5.8 指定實際位置

實際位置的指定方式有靜態（Static）、動態（Dynamic）與半靜態（Configurable）三種。

5.8.1 靜態

在靜態指定方式下，實際位置是在網路介面裝置的製造過程中，就已經設定完成。每一個網路介面裝置，都各自被設定了獨一無二的實際位置。除非更換網路介面裝置，否則實際位置不會改變。

這種方式的優點就是易於使用，而且具有永恆性，不需對實際位置作設定。

5.8.2 動態

動態的指定方式，就是每當電腦開機時，就會自動隨機抽取一個數值，若無其他電腦將此數值設定為實際位置，則該數值將被設定為自己的實際位置。利用動態的指定方式，在網路介面裝置的製造過程中，就可以省去設定實際位置的程序。

但是，每次電腦重新開機，就要重新設定自己的實際位置，其他電腦要與該電腦通訊時，必須要先知道它新的實際位置。

5.8.3 半靜態

半靜態的指定方式，一方面與靜態方式一樣，是在網路介面裝置的製造過程中，設定好實際位置。另一方面，如果使用者有需要，也可以更改實際位置。可說是靜態與動態的折衷方法。

5.9 本章回顧

1. 點對點的網路上,每一台電腦兩兩之間都有獨立的連線。用在稍大一點的網路就不符合經濟效益。
2. 在區域網路上,常見的拓樸有:星狀拓樸、環狀拓樸、匯流排拓樸。
3. 環狀拓樸的範例有 Token Ring 與 FDDI。
4. CSMA,CSMA/CD 與 CSMA/CA 為防止網路上的資料發生碰撞的技術。
5. 實際位置的指定方式有靜態、動態與半靜態。

第六章
廣域網路

區域網路（LAN）的技術，可以讓小範圍內的若干台電腦彼此通訊。不過，如果有必要讓大範圍內的電腦彼此通訊，或是要讓網路容納非常多台電腦，就必須要克服區域網路在距離與電腦數量上的限制才可以。

解決這個問題的方式，就是使用廣域網路（Wide Area Network, WAN）的技術。本章將針對如何解決這樣的問題進行說明。

6.1 廣域網路與區域網路的分別

廣域網路與區域網路，最明顯的差別就是大小。區域網路所包含的範圍，通常只是一棟建築物，一個小社區，或是一所學校；而廣域網路所包含的範圍，可能跨越好幾個城市，甚至可能跨越好幾個國家，當今流行的 Internet 就是一種廣域網路。

由此看來，廣域網路必須要能夠跨越相當長的距離，來連接各電腦。但是要這樣做的話，必須突破區域網路在距離上的限制才可能完成。雖然區域網路技術可以利用橋接器（Bridge）互相連接，但是如果要用這樣的方式，來達到遠距離的電腦通訊，頻寬受限制的問題恐怕難以解決。

一個標準的廣域網路，不只是要連接很多地方的很多部電腦而已，而且還必須讓這許許多多的電腦，都可以在同一時間彼此通訊，不受頻寬限制。若是不

能達到這樣的標準,就不能算是廣域網路。

其實,除了廣域網路與區域網路之外,還有一種「都會網路」(Metropolitan Area Network, MAN),其包括的範圍介於 LAN 與 WAN 之間,通常在一個都市內,不過 MAN 還沒有一個十分明確的定義,而且其使用的技術,都包括在 LAN 與 WAN 之中,所以我們不另外說明。

6.2 封包交換機組成的廣域網路架構

在區域網路上,資料以封包傳遞,在廣域網路亦是如此。不過在廣域網路上的電腦數量龐大,所以需要使用封包交換的技術,以提升傳輸效率。

被利用來進行封包交換工作的機器,叫做封包交換機(Packet Switch)。每個封包交換機都有類似處理器(Processor)、記憶體(Memory),與輸入/輸出裝置(I/O Device)的配備。封包交換機的輸入/輸出裝置有兩種,一種用來連接到許多台電腦,另一種是用比較高的傳輸速度,連接到其他的交換機。

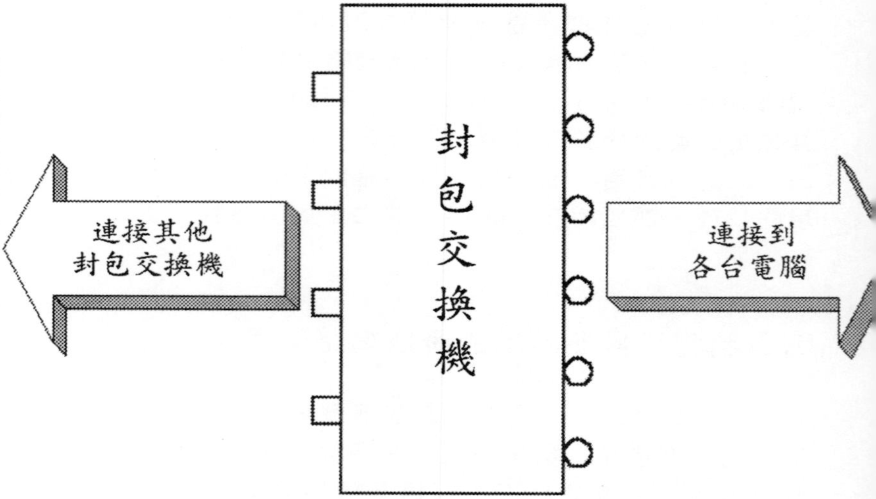

圖 6-1　封包交換機

　　封包交換機是廣域網路的基本裝置。一個廣域網路上的各個封包交換機彼此連結，然後再由封包交換機與電腦連線。封包交換機有多個輸入／輸出裝置，網路結構可以隨意設計。（如圖 6-2）。

　　圖 6-3 中，我們可以看到，廣域網路的構造，是多個封包交換機彼此連接之後，再各自連結電腦。若要連接更多電腦，可以再加裝封包交換機。

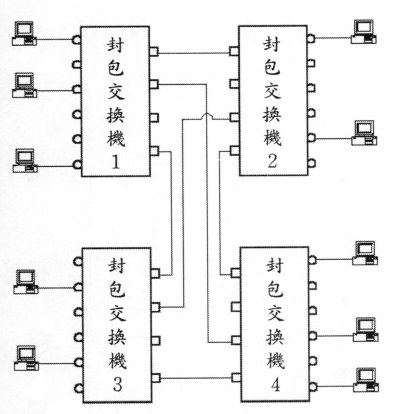

圖 6-2　封包交換機所構成的廣域網路

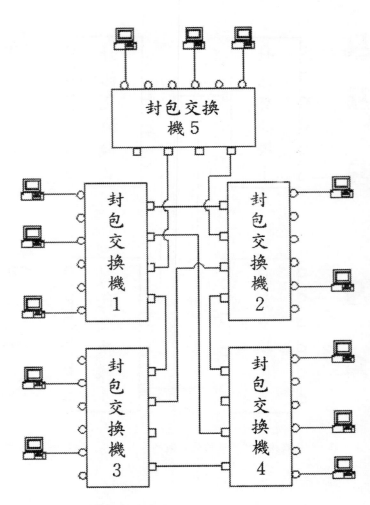

圖 6-3　加裝封包交換機

　　您可比較圖 6-2 與圖 6-3 ，將可發現廣域網路容量的變化。

6.3 傳輸多個封包的法寶－佇列

　　在區域網路上，一次只能有一台電腦傳遞封包資料。而在廣域網路上，我們可以利用封包交換機，讓許多台電腦同時傳遞資料。

　　當一個封包傳遞到封包交換機時，輸入／輸出裝置會將封包暫時儲存在封包交換機的記憶體內，並讓處理器了解該封包已經到達。接下來，處理器就會將封包經由適當的路徑傳送出去。但如果該路徑正忙碌中，則處理器就會將封包暫存在「佇列」（Queue）中，等到可以傳遞時，再將封包傳遞出去。在佇列中，可以儲存多個封包。

6.4 層級式定址架構

　　就像區域網路一樣，廣域網路上的每一台電腦都有自己的位址（Address），這樣在傳遞資料時，就可以準確地傳遞到正確的目的地電腦。

　　而在廣域網路上，常常會使用「層級式定址架構」（Hierarchical Addressing Scheme），使得資料傳送效率提高，過程更順暢。所謂層級式定址架構，就是將一位址分成好幾個部份，這樣可以更快速地找

到目的地電腦。其作法，就是循序依照位址的各個部份，找出電腦的所在位置。

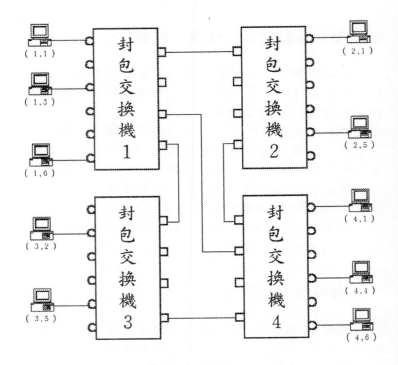

圖 6-4　廣域網路上的電腦，都有自己的位址

　　例如說，某一個封包要送到位址為（3,2）的電腦。這個封包從來源端電腦送到封包交換機之後，先由位址的第一部份「3」，得知此封包應該要被送到編號為三的封包交換機。封包送到該交換機之後，再

由第二部份「2」，送到正確的目的地電腦。

6.5 一站接著一站傳遞封包

　　爲了要將封包傳遞到目的地電腦，封包交換機必須爲每一個封包選擇一個適當的傳遞路徑，將封包傳遞出去。不過，一個封包交換機，不會有各個封包該如何到達目的地的全部資訊。只會有各個封包下一步該到哪一台電腦，或是哪一台封包交換機的資訊。這些資訊與封包最初的來源端電腦位址，與封包之前經過的路徑無關。

　　就好比某甲要從台北到金門，需要先從台北搭車到台中，再從台中坐船到澎湖，最後從澎湖坐船到金門。某甲的「目的地」一直是金門，不過某甲在出發地台北時，他的「下一步」是到台中。到了台中之後，他的下一步是到澎湖，到了澎湖，他的下一步就是到金門了。

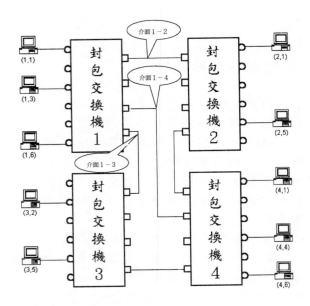

封包交換機 1 的資訊：

目 的 地 電 腦 位 址	下 一 站
（1，1）	電腦1
（1，3）	電腦3
（1，6）	電腦6
（2，1）	介面1－2
（2，5）	介面1－2
（3，2）	介面1－3
（3，5）	介面1－3
（4，1）	介面1－4
（4，4）	介面1－4
（4，6）	介面1－4

圖 6-5　在廣域網路上傳遞封包（連接到封包交換機 1 的電腦，
送出的封包會先送到封包交換機 1。封包交換機 1 就會比對封包
的目的地位址與它的下一站資訊，找出封包該向哪裡傳遞出去）

6.6 本章回顧

1. 區域網路所包含的範圍比較小，廣域網路所包含的範圍就大得多了，可能跨越好幾個城市，甚至可能跨越好幾個國家。

2. 在廣域網路上，被利用來進行封包交換工作的機器，叫做封包交換機。

3. 在廣域網路傳遞資料，若路徑正忙碌中，則處理器就會將封包暫存在「佇列」中，等到可以傳遞時，再將封包傳遞出去。

4. 在廣域網路上，常常會使用「層級式定址架構」，使得資料傳送效率提高，過程更順暢。

5. 一個封包交換機，不會有各個封包該如何到達目的地的全部資訊。只會有各個封包下一步該到哪一台電腦，或是哪一台封包交換機的資訊。這些資訊與封包最初的來源端電腦位址，與封包之前經過的路徑無關。

第七章

通訊協定與標準

網路通訊的工作，並非只靠硬體設備來完成，一定還要加上軟體的搭配。而軟體彼此之間的通訊，還必須要有共同的「協定」（Protocols）。我們將在本章介紹軟體的協定，另外，我們還將介紹軟體分層（Layering）的觀念。

7.1 協定與協定組

當一個中國人，碰上一個韓國人，假設這個中國人不會講韓國話，韓國人也不會講中國話，兩人講話時，若各自用自己的母語，可能就會變成像下圖這樣。

圖 7-1 兩人都用自己的母語，但對方聽不懂，無法溝通

那麼，兩人欲交談時該如何溝通呢？答案是：另外找一個他們兩人都會的語言，而目前的國際語言就是英語，所以他們很可能就以英語交談（不然就只有比手畫腳了 J ）。

在網路上的通訊也是如此，如果沒有一個共同的通訊標準的話，那麼一台電腦就可能無法解讀別的電腦傳來的資料了。我們使用軟體通訊時，可能會有不同的資料格式或傳遞規則。如果彼此之間，你用你的方式傳遞，他用他的方式傳遞，那將會造成傳來的資料無法解讀，傳給別人的資料別人也看不懂。

也就是因為如此，我們在傳遞資料時，需要有一致的傳遞方式。這時就要建立起一種「約定」，也就是所謂的「協定」（Protocols）。而依照協定運作的軟體稱為「協定軟體」（Protocol Software）。

協定可能會包含相當多的通訊細節規則。這個時候，通常會把這些項目分門別類，並對協定的各個類別，做各種不同的設計，稱為「協定組」（Protocol Suites）。協定組下各類別的協定，可以解決各類別的通訊問題。將它們整合起來，就幾乎可以解決所有的通訊問題。

7.2 七層模型

網路上有著許多種不同的作業系統，要在不同的作業系統之間傳遞資料，是一種相當繁複的工作。西元 1983 年，國際標準組織（International Organiz-

ation for Standardization, ISO）訂定一套網路協定設計的標準，稱為「開放式系統互連」（Open Systems Interconnection, OSI）。因為 OSI 將通訊協定分別定義在網路架構的七個層面上，所以又稱為「七層模型」（7-layer Reference Model），每個層次都規範一些標準。

OSI 是電腦網路傳遞訊息的階層式互動架構，在此架構下，各種通訊協定和硬體分別被定義在七個層次。這些層次將網路通訊問題分門別類，讓專家們能夠針對網路通訊上各個層面，來設計通訊協定。OSI 架構的七個層次，提供了一個邏輯分解（Logical Decomposition）的方式，使得網路上每一部電腦的各層所對應的規範都相同，如此一來，開發系統與維護系統時會比較有所依循。

在七層模型中，概括解釋了軟體與硬體的各種功能，各個層級可以獨立地發展。開發網路系統的專家們愈是願意遵照這一個標準，OSI 架構下的網路就愈具開放性。這七層之中，第一層到第四層都是關於網路資料的傳輸，屬於通訊導向。第五到第七層則牽涉到使用者與電腦的互動關係，屬於處理導向。接下來，我們先簡述一下各層所包含的內容。

7.2.1 第一層：實體層

OSI 模型的第一層是實體層（Physical Layer）。這一層所要做的就是讓資料在網路硬體上傳遞。實體層定義了一些網路拓樸、硬體規格、時序

| 第七層：應用層 |
| 第六層：展現層 |
| 第五層：會議層 |
| 第四層：傳輸層 |
| 第三層：網路層 |
| 第二層：資料連接層 |
| 第一層：實體層 |

圖7-2 OSI（七層模型）的架構

（Timing）……等等標準。例如：接腳數目、尺寸大小、連接方式……等等。

7.2.2 第二層：資料連接層

OSI 模型的第二層是資料連接層（Data Link Layer）。它的內容是如何讓兩台電腦之間資料能正確及完整地傳送。大致上，都與資料框（Frames）與傳遞資料框有關。例如：資料框的結構、資料框如何被送到網路上、同步化、錯誤控制……等等，都是屬於第二層的範圍。

資料連接層還包括兩個子層，分別是媒體存取控制（Media Access Control, MAC）以及邏輯連接控制（Logical Link Control, LLC）

媒體存取控制（Media Access Control, MAC）

網路上的每一台電腦，都可能會碰到同時有許多裝置企圖傳遞資料的情形。但是實際上，同一時間只允許一個裝置傳遞資料。這時候，就要靠媒體存取控制的功能，來協調裝置傳遞資料的方式。

邏輯連接控制（Logical Link Control, LLC）

邏輯連接控制，包含了整個資料連接層的流量控制與修正錯誤功能。它建立並維護網路裝置之間的連線。

7.2.3 第三層：網路層

　　不同的電腦網路，可能會有些不同的型態。當它們連接起來之後，要如何在不同網路之間傳遞資料，像是如何指定位址、資料框的傳遞路徑最佳化等等，都是屬於網路層（Network Layer）的範圍。

7.2.4 第四層：傳輸層

　　傳輸層（Transport Layer）的任務是接收會議層的資料，再將資料送到網路層傳送。其中還要注意傳輸品質與可靠性，其複雜性相當高。

7.2.5 第五層：會議層

　　會議層（Session Layer）的內容，是利用遠端系統進行線上會議，以及類似密碼認證的安全防護。另外，還包括資料傳遞的方向，如：單工、半雙工、全雙工。

7.2.6 第六層：展現層

　　展現層（Presentation Layer）所規範的，包括資料框的語法（Syntax）、格式（Format）、意義（Ｓｅｍａｎｔｉｃｓ），以及資料的壓縮（Compression）、還原……等等的規範。不同種類的電腦對字元與數字可能有不同的表示法，所以必須要有這一層。

7.2.7 第七層：應用層

應用層（Application Layer）的範圍，包括使用者對電腦網路的一些應用。例如：檔案傳輸、網路管理……等等。

7.3 分層協定軟體的運作原則

依照分層模型開發的協定軟體，在運作上就會根據分層模型來分組。發送資料與接收資料，都是按照各層固定的順序進行，如下圖。

從圖中，我們可以看出，發訊端是從第七層（應用層）將資料逐層向下傳遞，而收訊端則是從第一層（實體層，也就是硬體）將資料逐層向上傳遞。

7.4 資料傳遞時的變化

一台電腦要傳送一個資料框到網路上時，除了第一層（實體層）之外，每經過一層級，就會被加上一個標頭（Header）。所以當資料框被傳到網路上，也就是實體層的時候，資料框會包含許多標頭，形成巢狀標頭（Nested Headers）。

傳送端協定軟體的第 X 層，對其欲傳送的資料所做的動作，必須被目的地端協定軟體的第 X 層確實接收，並做出反向的動作。也就是說，在傳送端的第

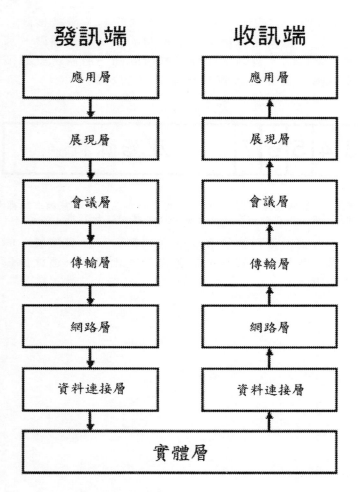

圖7-3 資料在各層傳輸順序的概念

X層所加上的標頭，將在目的地端的第 X 層被移除。例如說，資料在傳送端協定軟體的某一層被編碼，那麼該資料到了目的地端協定軟體的同一層時，就必須被解碼，還原為該資料被編碼前的狀況。

2	3	4	5	6	7	原始資料

圖 7-4 巢狀標頭（圖中的「2」為資料框在第二層被加上的標頭，「3」為資料框在第三層被加上的標頭，餘類推）

上圖為資料框被發訊端送到第一層（實體層）的結構。我們來看資料框在各層的變化情形，這樣比較清楚點。

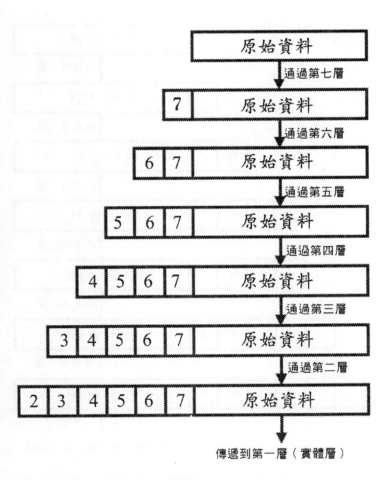

圖7-5 發訊端電腦傳送的資料變化

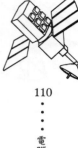

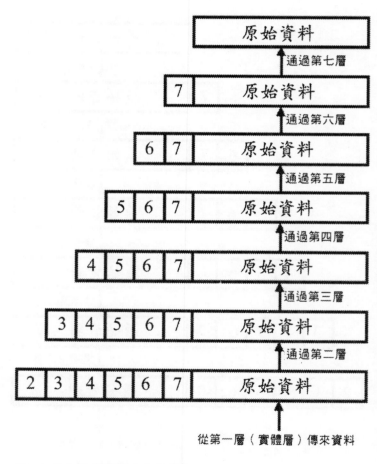

圖7-6 收訊端電腦傳送的資料變化

　　因為資料在傳遞過程中會有這樣的變化，所以發訊端與收訊端，第 X 層與第 X-1 層之間的資料是相同的，如下圖。

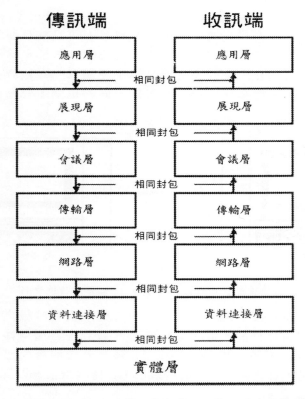

圖 7-7　發訊端與收訊端，第 X 層與第 X-1 層之間的資料是相同的

7.5 TCP/IP

TCP/IP 是一種網路通訊協定,也是當今 Internet 上最常用的網路通訊協定,甚至「微軟認證系統工程師」(Microsoft Certified Systems Engineer, MCSE)的考試也將之列入考試科目。可見其重要性。

TCP/IP 是在 1960 年代,由美國國防部交給國防通訊局開發出來的,主要是為了要讓每一台廠牌、作業系統、檔案格式……都可能不同的電腦,能夠彼此傳遞資料。

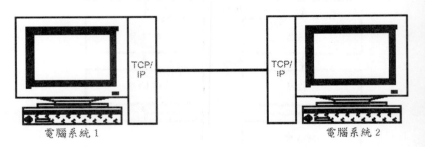

電腦系統 1　　　　　　　　　　　電腦系統 2

圖 7-8 不同電腦之間可以利用 TCP/IP 協定來傳遞資料

與 OSI 一樣,TCP/IP 的架構中也有層級之分,每個層級分配不同種類的工作,資料在各層傳輸的概念也差不多。但是,TCP/IP 只有分成四層而已,也就是「實體層」、「網路層」、「傳輸層」,以及「應用層」。

但這並不意味著 TCP/IP 比 OSI 簡略,而是因為

TCP/IP的「應用層」，相當於OSI模型的「應用層」、「展現層」、「會議層」聯集。而TCP/IP的「實體層」則相當於OSI的「實體層」加上「資料連接層」，如下圖所示。

TCP/IP

OSI

TCP/IP	OSI
應用層	應用層
	展現層
	會議層
傳輸層	傳輸層
網路層	網路層
實體層	資料連接層
	實體層

圖7-9 TCP/IP與OSI層級模型之對照

　　接下來，我們列表說明一下 TCP/IP 的各層級所包含的通訊協定，及其主要功能。

表7-1 TCP/IP的各層級所包含的通訊協定，及其主要功能

TCP/IP 層級	通訊協定	主要功能
網路層	ARP（Address Resolution Protocol）	用 IP 位址來查工作站的實體位址（Physical address）的通訊協定。
	ICMP（Internet Control Message Protocol）	資料傳遞發生錯誤時，回應錯誤訊息的方式。
	IP（Internet Protocol）	定義不同網路的兩個節點如何進行資料傳遞，並提供不可靠的非連線導向傳輸服務。
	RARP（Reverse Address Resolution Protocol）	用實體位址來查 IP 位址的通訊協定。
傳輸層	TCP（Transport Control Protocol）	定義單一網路的兩個節點如何進行資料傳遞，並提供可靠的連線導向傳輸服務。
	UDP（User Datagram Protocol）	提供不可靠非連線資料包傳輸服務。
應用層	DNS（Domain Name Server）	將主機名稱轉換為 IP address。
	FTP（File Transfer Protocol）	傳遞檔案的通訊協定，可傳資料或文字。
	SMTP（Simple Mail Transfer Protocol）	發出電子郵件的通訊協定。
	SNMP（Simple Network Management Protocol）	要求網路節點被動回報資訊、主動取得網路資訊，以及設定網路的參數。
	TELNET	連接到遠端的系統當中，可將本地的電腦當成該系統的一部終端機使用。
	TFTP（Trivial File Transfer Protocol）	TFTP 與 FTP 用途相同，但是 TFTP 是用 UDP 作為傳輸層協定，而 FTP 是用 TCP。

7.6 本章回顧

1. 傳遞資料時，需要有一致的傳遞方式，就是所謂的「協定」。而依照協定運作的軟體稱為「協定軟體」。

2. 西元 1983 年，國際標準組織（ISO）訂定出來了一套網路協定設計的標準，稱為「開放式系統互連」（OSI）。又稱為「七層模型」。

3. 七層模型分為：實體層、資料連接層、網路層、傳輸層、會議層、展現層、應用層。

4. 發訊端是從第七層（應用層）將資料逐層向下傳遞，而收訊端則是從第一層（實體層，也就是硬體）將資料逐層向上傳遞。

5. 傳送端協定軟體的第 X 層，對其所傳送的資料做的動作，必須被目的地端協定軟體的第 X 層確實接收，並做出反向的動作。

6. TCP/IP 的四個層級：「實體層」、「網路層」、「傳輸層」、「應用層」。

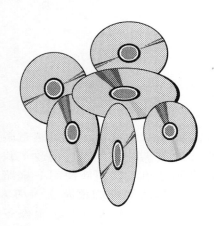

第八章
網路之間的橋樑

　　之前我們介紹過 LAN 與 WAN 的技術，可以讓電腦彼此通訊。不過，如果 LAN 或 WAN 彼此各自為政，我們要與 A 網路上的某台電腦通訊，就不能使用 B 網路上的電腦。也就是說，我們無法從別的網路上，與 A 網路連繫（如果您有使用大哥大的話，不妨想像一下，假如遠傳的手機只能打遠傳的門號，台灣大哥大的手機只能打台灣大哥大的門號，那是多麼不方便的事情）。

　　當整體服務（Universal Service）的概念建議起來之後，這樣的情況有所改變。使用者要傳送資料到 A 網路的電腦，未必要到 A 網路所在的位置。也就是說，從任何網路的任何電腦，都可以傳送資料到 A 網路上的電腦。這也就是目前流行的網際網路的概念。本章要講的就是網際網路的原理。

　　在網路上有一種電腦，被用來連接兩個不同的網路系統，讓網路與網路之間彼此能順利連繫。這些電腦，叫做轉接器（Relay）。轉接器共分為放大器（Repeater）、橋接器（Bridge）、路由器（Router）、閘道器（Gateway）等等。利用這些裝置，我們可以將各個不同設計、不同通訊協定的網路系統連繫起來，形成網際網路，讓所有網路上的電腦能彼此交換資料。

8.1 放大器（Repeater）

　　區域網路的段落線路長度，是有所限制的。因為資料被傳遞了一段距離之後，它的訊號強度會減弱。這樣的資料被目的地端電腦接收之後，可能無法辨認，甚至目的地端電腦根本無法接收到訊號。

　　放大器的作用，就是在資料傳遞了一段距離之後，將訊號再生（Regenerate），也就是將減弱的訊號再增強到原來的強度。當放大器的其中一端接收到訊號，就會將經過增強的訊號從另外一端傳送出去。這樣一來，資料就可以被傳遞得更遠。

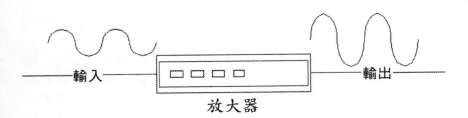

圖 8-1　放大器的作用

　　如果只是單純增強訊號的話，可能會連雜訊也一起增強，所以，放大器必需要有過濾雜訊的功能才可以。有了這些功能，是不是就可以將線路一直延長？由於 CSMA/CD 技術對於訊號延遲（Delay）的容忍度很低，Delay 太大就會打亂網路的運作，而線路用放大器延伸得太長，恐怕就會讓訊號延遲得很嚴重，使

得使用 CSMA/CD 技術的區域網路難以運作。

　　用放大器連結的通常是匯流排拓樸的區域網路，像是 Ethernet。當放大器連接起兩個區域網路時，有可能會讓這兩個網路的負擔都增加，影響效率。

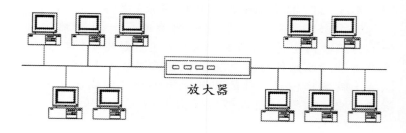

放大器

圖 8-2　使用放大器連接兩個區域網路

　　因為放大器的功能，僅限於 OSI 模型中的第一層（實體層），所以無法分辨不同的通訊協定，當然也沒有轉換通訊協定的能力，所以用放大器連結的區域網路，其通訊協定需相同。

8.2 橋接器（Bridge）

　　橋接器的功能，是用來區隔不同的網路，以分隔網路上的資料流量。橋接器與放大器一樣，裝置於兩個區域網路之間，如下圖。

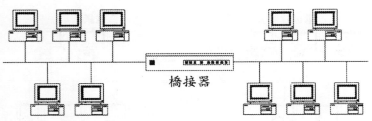

橋接器

圖 8-3 使用橋接器連接兩個區域網路

　　在橋接器內有一資料庫，裡面記載了網路上所有電腦位址的資訊，此資訊包含各電腦的位址，與其所在的網路。橋接器會經由資料框內所記載的目的地電腦的位址，與資料庫所記載的資訊比對，來判斷是否要傳送此資料框。

　　例如，我們將 A 與 B 兩個區域網路，用橋接器連接起來。現在 A 網路中的一台電腦傳送了一個資料框出來，被橋接器接收到。橋接器會將資料框的目的地位址，與資料庫內所記錄的位址做比對判斷。若判斷結果，此位址是屬於 B 區域網路的某台電腦之位址，那麼橋接器就會經由與 B 網路連接的輸入／輸出埠（I/O Port）將此資料框傳送到 B 網路。若判斷結果，此位址是屬於 A 區域網路的某台電腦之位址，那麼橋接器就不會傳送此資料框，並將之丟棄。

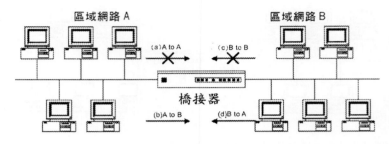

圖 8-4　橋接器傳送資料的方式。（ａ）Ａ to Ａ：由區域網路Ａ
上的電腦，傳到區域網路Ａ上的另一台電腦，橋接器會把這樣的
訊號忽略，不會傳遞到另一端；（ｂ）Ａ to Ｂ：由區域網路Ａ
上的電腦，傳到區域網路Ｂ上的電腦，橋接器會把這樣的訊號傳遞
過去；（ｃ）Ｂ to Ｂ：由區域網路Ｂ上的電腦，傳到區域網路Ｂ
上的另一台電腦，橋接器會把這樣的訊號忽略，不會傳遞到另一
端；（ｄ）Ｂ to Ａ：由區域網路Ｂ上的電腦，傳到區域網路Ａ上
的電腦，橋接器會把這樣的訊號傳遞過去。

　　　　因為橋接器比放大器多了這些功能，所以在定義
上，橋接器是屬於 OSI 模型的第二層－資料連接層。

當來源或目的地位址有問題時

　　　　透過橋接器連接的網路，可能會有資料框的來源
或目的地位址無法辨認的情形。當橋接器接到一個資
料框，其目的地位址不在橋接器的資料庫內，橋接器
就無法判斷該將此資料框送到哪一個網路上。此時，
橋接器會將此資料框，經由所有與該橋接器連接的輸
入／輸出埠，送到每一個網路上（資料框來源的輸入
／輸出埠除外）。

　　若橋接器收到一個資料框，其來源位址不在資料庫的記載之內，那麼橋接器會將此資料框所記載的來源電腦位址資訊記錄下來。若橋接器收到一個資料框，其來源位址已在資料庫的記載之內，但是其他資訊與資料庫內所記載的有所不同，那麼橋接器會將此資料框所記載的來源電腦位址資訊更新（update）。

8.3 路由器

　　路由器與橋接器的功能有些類似，不過在定義上，路由器是運作於 OSI 模型的第三層（網路層），且路由器的功能也更繁複些。

　　首先，路由器可以連接不同通訊協定或不同拓樸的區域網路。再者，當路由器接到一個封包時，不只可以決定要將這個封包從哪個 I/O 埠送出去，還可以為封包挑選最佳路徑，讓封包更快到達目的地電腦。另外，路由器的偵錯性與容錯性都優於橋接器，甚至提供了一些輔助網路管理的功能。（如圖 8-5）

　　不過，這並不表示我們可以捨棄橋接器，全面改用路由器。因為路由器的價格比橋接器高，而且路由器因為功能與處理程序較繁雜（例如：不同通訊協定之間的轉換），所以安裝維護難度較高，效率可能也比橋接器來得差。

　　此外，有一種綜合橋接器與路由器兩者功能的裝置，叫做「橋接路由器」（Brouter, Bridging

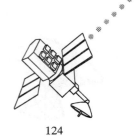

通訊協定：TCP/IP　　　　　　　通訊協定：IPX/SPX

路由器

圖 8-5　以路由器連結不同通訊協定的網路

router）。在可以選擇路徑的通訊協定當中，當作路由器使用，若不選擇路徑，當作橋接器使用。

8.4 閘道器（Gateway）

閘道器是一種連接兩個網路之間的裝置，它被定義於 OSI 的應用層（第七層），經過特別的設計，可以用來連接兩個差距很大的網路。而且閘道器可以做通訊協定與資料格式的轉換。例如說，有一個網路使用的郵件伺服器是 Lotus 的郵件伺服軟體，另一個網路使用的郵件伺服器是 Microsoft 的郵件伺服軟體。這兩個網路就可以使用閘道器連接起來，利用閘道器的資料轉換功能，我們就可以在兩個網路之間傳遞電子郵件。

閘道器可以用來連接兩個不同的通訊協定之網路。不過這樣一來，閘道器必須執行繁雜的工作，影

響它的效率，也因爲閘道器的設計，比橋接器、路由器都複雜，所以成本也最高。

8.5 本章回顧

1. 在網路上有一種電腦，被用來連接兩個不同的網路系統，讓網路與網路之間彼此能順利連繫。這些電腦，叫做轉接器。利用轉接器，我們可以將各個不同設計、不同通訊協定的網路系統連繫起來，形成網際網路，讓所有網路上的電腦能彼此交換資料。
2. 轉接器共分爲放大器、橋接器、路由器、閘道器四種。
3. 放大器的作用，就是在資料傳遞了一段距離之後，將減弱的訊號再增強到原來的強度。
4. 橋接器的功能，是用來區隔不同的網路，以分隔網路上的資料流量。
5. 路由器與橋接器的功能非常類似，不過路由器的功能更繁複些。
6. 閘道器可在 OSI 七層模型的每一層運作。經過特別的設計，可以用來連接兩個完全不同的網路。

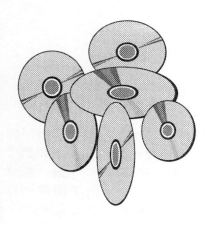

第九章
認識 *Internet* 、
Intranet 與 *Extranet*

　　如今，我們都將「網路」二字，作為網際網路的簡稱。事實上，網路是有很多種分類方式。像我們之前講的區域網路（LAN）與廣域網路（WAN）是一種分類方式。而這一章我們所要介紹的，除了網際網路（Internet）之外，還有企業內網路（Intranet），以及商務網路（Extranet）。

9.1 Internet 的誕生

　　1960 年代，美國著手研究如何將資料正確無誤地，在各台電腦之間傳送，及謀求核戰後，能維持正常電子通訊的解決方案，於是在 1969 年成立了一個高級專案研究機構（Advanced Research Project Agency，ARPA），著手一項名為 ARPANET 的網路研究實驗計畫。1970 年初期，ARPA 更進一步研究將 ARPANET 的傳輸媒介展示至活動式無線電（Mobile Radio Transmitters）與衛星連線（Satellite Links）等技術層次。1972 年，ARPANET 終於在一次國際會議上公開展示，並因次年英國與挪威的加入，使 ARPANET 成為跨洲際計畫，奠定了今日 Internet 的基礎。

　　現在，Internet 將分佈在全世界的各個網路，連接成一個網路大聯盟，是全世界各地資訊的最大寶庫，目前已跨越近百個國家，五百萬台以上的電腦主機，且仍不斷地擴張中。

9.2 網際網路的結構

我們曾在前一章介紹過一些讓區域網路、廣域網路相連接的裝置。我們利用這些裝置，作爲兩個 LAN 或 WAN 之間的橋樑，如下圖。

圖 9-1　連接兩個 Network

這兩個網路，可以都是 LAN 或 WAN，也可以是一個 LAN 與一個 WAN。這兩個被連接起來的網路，可以視爲融合起來的一個網路，這就是虛擬網路（Virtual Network）的觀念。

我們可以連接起兩個網路，當然也可以連接起三個、四個，甚至更多的網路。現在 Internet 的架構就是這樣的概念。

下圖的中央有一個連接裝置連接了四個 Network，然而，當網路上的資料流量過大時，連接太多 Network 的連接裝置可能會有負荷過重的情形，可能會影響到穩定度與可靠性。

根據我們剛剛提到的「虛擬網路」觀念，Internet 也是一個虛擬網路。Internet 提供整體服

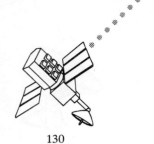

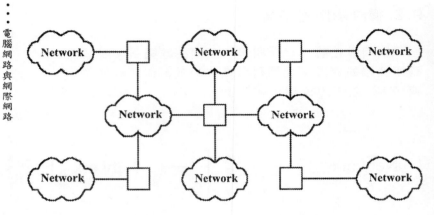

圖9-2　連接許多個Network，形成網際網路(Internet)

務給網路上的所有電腦，這也就是建立 Internet 的目標。最初 Internet 只是用來交換一些資訊，以及傳遞電子郵件。隨著 Internet 朝向整體服務的目標邁進，它所提供的服務也更多元化。

9.3 Intranet

Intranet 的技術跟 Internet 沒有太大差異，每個使用者也都有自己的 E-Mail 信箱，甚至是 Homepage，說穿了就是範圍僅限於企業內部，使用者也僅限於企業內部員工的網際網路。這種網路一般稱之為「企業內網路」或是「企業內網際網路」，也就是 Intranet（Internet 與 Intranet 兩字長得很

像，請注意別弄混了）。

如今已有不少企業將 Intranet 引進企業之內，因爲它有不少好處，包括：

1. Intranet 能夠讓企業的資訊能夠快速流通，收到提升競爭力與提高工作效率的好處。

2. 公文、技術文件、客戶資料、會議記錄也可以在這樣的網路上傳遞，管理上更加方便。

3. 同時 Intranet 通常是直接建置在 Internet 上，相關軟硬體也容易取得，成本通常不會高到哪裡去。

防火牆

爲了企業內網路能順利運作，使 Intranet 眞正能給企業帶來好處，安全性是一個不能忽視的考慮因素。一般的 Intranet 都應該會以防火牆（Fire Wall）來保護網路，如下圖。

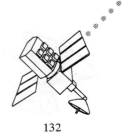

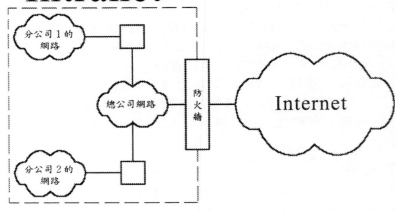

圖9-3 Intranet與Internet的連接範例(兩者以防火牆分隔)

　　上圖中，我們可以看到 Intranet 與 Internet 之間有個防火牆。為了節省成本， Intranet 通常是建立在現有的 Internet 上，如果將 Internet 比做全世界的話，那 Intranet 就是世界上的一個國家。這個國家以防火牆做為與外界隔離的「國界」。

9.4 Extranet

　　一般企業都不會是單獨營運的，多多少少都要向一些上游的廠商訂購原料，或是與同業成為合作夥伴，至少也會有下游的客戶。若是能利用 Internet

的技術，建立一個企業與企業之間的網際網路，將這些相關資料整合起來，想必可以提升經營效率，提高獲利。

　　這樣的想法，被網景（Netscape）公司具體化為「商務網路」，也就是 Extranet 的構想。網景公司還以現有標準為基礎，主導制定各種 Extranet 的標準。在這之後，還有一些資訊業者（IBM、Sun……）提出一些 Extranet 問題的解決方案。

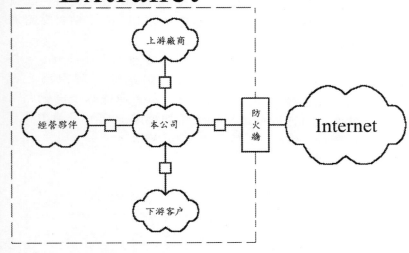

圖 9-4　Extranet 的構想

　　如上圖，Extranet 也與 Intranet 一樣，爲了
節省成本，通常是直接建置在 Internet 上，並且以
防火牆與網際網路分隔開來。

9.5 虛擬私人網路

　　虛擬私人網路（Virtual Private Network, VPN）
是一種適合用於透過網際網路連線到 Intranet 或
Extranet 上的一種網路技術，可以在資料能夠安全
傳遞不外洩，也不受駭客侵入的前提下，透過
Internet 存取 Intranet 或 Extranet 的資料。虛擬
私人網路使用密道通訊協定，如 PPTP（點對點密道
通訊協定）。

　　其做法是：先使用電腦撥接連上 Internet，然
後再與公司的網路建立另一個連線，可視爲「密
道」，這樣就可以透過 Internet 連線到公司網路。
就像在自己的辦公室連上公司網路一樣。目前微軟最
新版的 Windows 都可以支援 VPN。

9.6 本章回顧

1. Internet 將分佈在全世界的各個網路，連接成一個網路大聯盟，是全世界各地資訊的最大寶庫，目前已跨越近百個國家，五百萬台以上的電腦主機，且仍不斷地擴張中。

2.「企業內網路」（Intranet）的技術跟 Internet 沒有太大差異，說穿了就是範圍僅限於企業內部，使用者也僅限於企業內部員工的網際網路。

3.「商務網路」（Extranet）就是企業與企業的網際網路。

4. 安全性是個不能忽視的考慮因素。一般的 Intranet 與 Extranet 都應該會以防火牆來保護網路。

5. 虛擬私人網路是一種適合用於透過網際網路連線到 Intranet 或 Extranet 上的一種網路技術，可以在資料能夠安全傳遞不外洩，也不受駭客侵入的前提下，透過 Internet 存取 Intranet 或 Extranet 的資料。

第十章

IP 與 *DNS*

　　儘管網際網路是由許許多多個區域網路與廣域網路所組成，不過當它們連接起來之後，還是必須視為一個網路（也就是「虛擬網路」的概念）。因此，網際網路上的電腦，為了要讓彼此之間能夠通訊，必須要有一種共通的辨識方式。這方式就是要用抽象的定址架構，讓網路上的每一台電腦都有一個位址（Address）。

10.1 IP的用處

　　當我們要寄信給某一個人，必須寫清楚收件人的地址及姓名，同樣的，在 Internet 上，想要準確地把資料寄到指定的電腦，也需要一個訂定地址的方式，才能明確的知道那份資料是要寄到那裡去。

　　目前，在網際網路上，每台電腦都會有一個 IP Address，其中的 IP 就是目前在網際網路上使用的網路定址法則，稱為 Internet Protocol。一般所謂 IP Address，就是依照網際網路上所通用的網路定址法則，制訂出來的網址。封包傳遞資料時，都會有發訊端電腦與收訊端電腦的 IP Address 資料。

　　IP Address 就好比在 Internet 上，每台電腦的門牌號碼，也像 Internet 上每台電腦的身份證字號，網際網路上的每台電腦，都擁有一個獨一無二，不與其他電腦重覆的 IP Address，這就好像我們每一位中華民國國民，都有屬於自己，又不與別人重覆

的身分證字號一樣。

IP Address 的作用，就是讓網路上的橋接器、路由器、閘道器等等，判斷出收訊端電腦的位置，然後將封包送到正確的方向。我們看到的 IP Address，是由四組介於 0 到 255 之間的整數所組成，各組數字以「 . 」作為分隔，例如：140.135.12.1，就是一組 IP Address。不過那是轉換成十進位數字的 IP Address，電腦裡面的 IP Address 資料，則是 32 位元（或是四組 8-bit）的二進位數字。

至於為什麼 IP Address 的每組數字都是介於 0 到 255 之間的數字呢？剛剛我們有提到，電腦裡的 IP Address 記錄，是四組八位元的二進位數字所組成。每組數字的範圍是最小 00000000，最大 11111111，換算成十進位數字就是 0 到 255。

這種 32 位元的 IP 定址模式的版本為第 4 版，稱為 IPv4。不過由於 Internet 的快速發展，這種版本的定址模式容量已有漸漸不足的跡象。在可預見的未來，恐怕 Internet 上的電腦數目會超過這個定址模式的容量。目前已開發出 IP 定址模式的第六版，也就是 IPv6，是 128 位元的定址模式，容量更大。

10.2 IP的分組

IP Address 的第一組數字，決定了它的類別。下表就是各類別的範圍。

表 10-1　類別與其對應的第一組數字範圍

類別	第一組數字範圍
A	0 ～ 1 2 7
B	1 2 8 ～ 1 9 1
C	1 9 2 ～ 2 2 3
D	2 2 4 ～ 2 3 9
E	2 4 0 ～ 2 5 5

　　上表是以十進位表示的 IP Address 分類法，例如：IP 為 140.x.x.x 的，按照上表，是屬於 B 類。如果是用電腦裡的二進位資料來判別的話，則是要參考下圖的分法：

Bit#　0　1　2　3　4

Class A | 0 |

Class B | 1 | 0 |

Class C | 1 | 1 | 0 |

Class D | 1 | 1 | 1 | 0 |

Class E | 1 | 1 | 1 | 1 |

圖 10-1　以二進位 IP Address 資料，來判定組別

如果要列成一張表，則應該是像下表這樣。

表 10-2　以二進位表示法的 IP Address 之分類

位址的前四個位元	類別
0000	A
0001	A
0010	A
0011	A
0100	A
0101	A
0110	A
0111	A
1000	B
1001	B
1010	B
1011	B
1100	C
1101	C
1110	D
1111	E

10.3 固接用戶與撥接用戶的 IP Address

　　目前網路族有固接用戶與撥接用戶之分。固接用戶有永遠屬於他們自己的 IP Address。固接專線用戶多半是公司行號，他們向網際網路服務廠商

（Internet Service Provider, ISP；例如：HiNet 或 SeedNet）去申請專線。申請專線之後，ISP 就會分配幾組固定的 IP Address 給用戶，這種用戶的電腦一開機，就與網際網路保持連線狀態。大部份的 MIS 人員，會讓公司電腦以申請固接 IP Address 的方式上網，因為這樣會比較容易管理。

撥接用戶（就是利用數據機連接電話線上網的方式）的 IP Address 是每次撥接上網時隨機取得的，撥接用戶不是一直處於網路連線狀態，所以當撥接用戶撥接上網時，ISP 的 Server 會從現有無人用的 IP Address 中，隨機給用戶一組 IP Address，這樣這台電腦就可以上網。

10.4 Client-Server

在網路上的電腦，並不只是電腦而已，它們還可分為要求服務的電腦，與提供服務的電腦。一般將要求服務的電腦歸類為客戶端（Client），提供服務的電腦歸類為伺服器（Server）。Client 端主要是做運算與執行應用程式的工作；Server 主要是分配共享的資源，處理 Client 端對 Server 所提出對資料處理的需求，以及控管安全機制。

這樣的概念，就好像在一個餐廳裡一樣，客人好比 Client 端，服務生好比 Server 端，當客人對服務生提出要求，服務生就按照客人的要求去做，一般

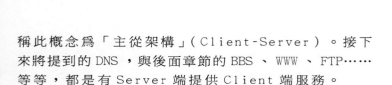

稱此概念為「主從架構」(Client-Server)。接下來將提到的 DNS，與後面章節的 BBS、WWW、FTP……等等，都是有 Server 端提供 Client 端服務。

10.5 DNS 是什麼？

在 Internet 上，我們以 IP Address 辨識各台電腦。然而，IP Address 是一串數字，如果網站只有 IP Address 的話，只是三、五個網站可能還記得住，但是若是很多網站的話，要記住它們的 IP Address 實在太難了，而且幾乎沒有可供聯想的意義。因此，我們會為網站取一個既有意義，又容易聯想的名字，這個名字我們就叫它「網域名稱」(Domain Name)。

網域名稱通常是幾組英文字所組成。跟 IP Address 一樣，每個網站的 Domain Name 也是獨一無二的。以中時電子報（中國時報網路版）的網站為例，網友在瀏覽這個網站時，都會輸入它的網域名稱，也就是 www.chinatimes.com.tw，而很少有人會去記中時電子報伺服器的 IP Address 是什麼。

我們可以從中時電子報網站的 Domain Name 分析得知，「ｗｗｗ」指的是網站是 WWW 站，「chinatimes」指的就是中國時報的英文名稱 CHINA TIMES，「com」表示該網站是屬於一個公司的，「tw」意指台灣。要記這樣的名稱，比記 IP Address 的一

大串數字容易得多。

由此看來，輸入 Domain Name 來與網站連接，對於使用者來說的確是比較方便。不過，Internet 上的電腦，還是必須以 IP Address 來辨識電腦。所以當使用者輸入 Domain Name 後，瀏覽器程式會先從一台有記錄 Domain Name 和 IP 對應資料的伺服器，將 Domain Name 轉換成 IP Address，由 Domain Name 轉換成 IP Address 的過程叫做 Name Resolution。而這台記錄 Domain Name 和 IP 對應資料的主機，被稱為 Domain Name Server，也就是網域名稱伺服器，簡稱 DNS。

例如：輸入 www.chinatimes.com.tw 這個 Domain Name，瀏覽器會將這個主機名稱傳遞到最近的 DNS 去辨識。如果找到，則會傳回這台主機的 IP Address，進而連上網站。不過，如果沒有了 DNS，或是 DNS Server 當機，我們就沒有辦法用 Domain Name 來連上網站。

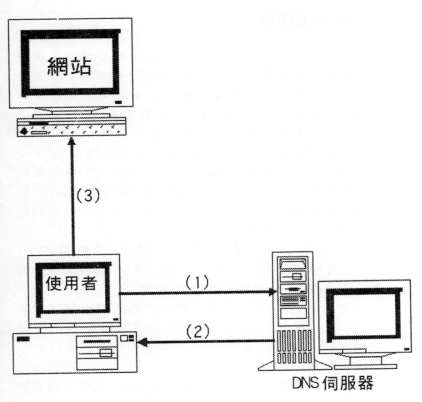

圖 10-2　　DNS 伺服器提供服務的方式示意：（1）使用者輸入
網站的 Domain Name，由 DNS 伺服器接收；（2）DNS 伺服器由
其資料庫找出該網站的 IP Address，傳回給使用者；（3）使
用者由此 IP Address 連上網站

10.6 本章回顧

1. IP Address 就好像 Internet 上每台電腦的身份
   證字號。網際網路上的每台電腦,都擁有一個獨一
   無二,不與其他電腦重覆的 IP Address。這就好
   像我們每一位中華民國國民,都有屬於自己,又不
   與別人重覆的身分證字號一樣。

2. 目前所使用的 IP 定址模式為 32 位元的 IPv4。不
   過在可預見的未來,恐怕 Internet 上的電腦數目
   會超過這個定址模式的容量。目前已開發出 IP 定
   址模式的第六版,也就是 IPv6,是 128 位元的定
   址模式,容量更大。

3. IP Address 的第一組數字,決定了它的類別。

4. 固接用戶的 IP Address 是固定的,而撥接用戶的
   IP Address 是隨機取得的。

5. 在網路上,可以將要求服務的電腦歸類為客戶端
   (Client),提供服務的電腦歸類為伺服器
   (Server),兩者形成「主從架構」(Client-
   Server)。

6. 我們可以為一個網站取個既有意義,又容易聯想的
   名字,也就是「網域名稱」。

7. DNS 伺服器的運作方式為:(1)使用者輸入網站
   的 Domain Name,由 DNS 伺服器接收;(2)DNS
   伺服器由其資料庫找出該網站的 IP Address,
   傳回給使用者;(3)使用者由此 IP Address 連
   上網站。

8.由 Domain Name 轉換成 IP Address 的過程叫做
Name Resolution。

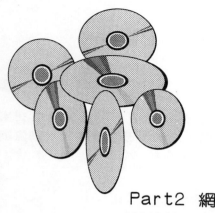

Part2 網際網路應用
....

第十一章

連線上 *Internet* 的方法

前面的章節講了那麼多網路，可是電腦擺在家裡，網際網路是在外面，到底要怎麼樣連接上網際網路？我們要在這一章為您介紹。

11.1 電話撥接

所謂「撥接」上網，就是利用電信線路，讓電腦連線上 Internet，只要向 ISP 申請一個帳號，就可以在家中上網。

11.1.1 傳統撥接

傳統撥接的作法，就是利用電腦連線數據機，再由數據機連接電話線，再設定撥接帳號在電腦裡面，就可以撥接上網。

到目前為止，大部份的用戶，尤其是家庭用戶，都還是使用這樣的方式上網。而使用網路必定要付費，因為是使用電話線撥接，所以電話費是免不了的，另外還有網路帳號的費用，其計費方式主要有：

1. 月租費＋計時費：這種計費方式，類似目前一般家用電話的計費方式，就是計算使用者每個月的上網時間，再依此時間乘以費率來收費，現行費率通常是在（0.4元／分鐘）以內。就算使用者一個月來都沒有上網，可能也要收取基本月租費，有基本月租費就有基本時數，如果使用沒有超過基本時數，就只要收基本費就

好了。

2. 預購時數：就是預先付一些錢，獲得幾個小時的使用權，例如：付 1000 元買 22 小時的使用權，等到快要用完時再買。

3. 無限上網：預先付一筆錢，然後使用者可以在接下來的一段時間，不管上網多久都不必再付錢。

11.1.2 ISDN

利用**數據機**撥接上網，因為要經過調變與解調變，也就是類比訊號與數位訊號的轉換過程，所以在傳遞效率上會受到限制。但是以近年來資訊科技的發展，這種限制的存在，必然不能滿足使用者的需求，甚至會是網路普及化的一大瓶頸。

「整體服務數位網路」（Integrated Service Digital Network, ISDN）是一種整合各種通訊服務的數位式網路，這些服務包括：視訊（Video）、語音（Voice）、數據資料、文字及影像（Image）等等，這些不同種類的終端設備，都被連接在同一網路上同時傳送。

ISDN 的通道

為了達成 ISDN 整合各種服務的宗旨，ISDN 被分成好幾個通道，包括 B、C、D、E、H 等等，每個通道都各有其作用。

◆ B通道是用來傳遞文字、影像、資料、語音、視訊等等，不傳遞控制訊息，其傳遞速率為64Kbps。

◆ C通道是由傳統網路到ISDN的演進過程中的過渡性通道，傳遞速率為8或16Kbps。

◆ D通道是傳遞一些特殊的訊號，以及控制訊號，分為D0與D1兩類，D0的傳遞速率為16Kbps，而D1則是64Kbps。

◆ E通道是電信局的機房之間傳遞控制訊號用的通道，傳遞速率為64Kbps。

◆ H通道是高速通道，可在需要高速傳遞資料時使用，像是視訊會議、遠距教學。H通道還分為H0、H2、H3、H4、H11、H12等種類。傳遞速率方面，H0是384Kbps，H2是30～45Mbps，H3是60～70Mbps、H4是120～150Mbps、H11是1.536Mbps、H12是1.92Mbps，其中傳遞速率特別快的H2、H3、H4是屬於寬頻ISDN（Broadband ISDN，B-ISDN），通常它是架構在ATM或是光纖網路上。

ISDN 的實體介面

在ISDN線路的應用上，通常是將好幾個通道，組合成一個實體介面，主要分為基礎傳遞效率介面（Basic Rate Interface，BRI），與主要傳遞效率介面（Primary Rate Interface，PRI），BRI

是由 2 個 B 通道，與 1 個 D 組成（可記為 2B+D）；
PRI 則包含 23 個 B 通道與一個 D 通道（即 23B+D，
美國標準），或是 30 個 B 通道與 1 個 D 通道（30B+D，
歐洲標準）。目前國內的 ISDN 線路是以 BRI 為主。

　　根據中華電信的定義， ISDN 的用戶端設備包括
ISDN 型終端設備，與一些非 ISDN 型終端設備。所謂
ISDN 型終端設備，也就是符合 ISDN 介面規格，並經
電信總局審驗合格認可，可以直接連接 ISDN 的終端
設備，包括數位式話機、影像電話、G4 傳真機、個
人電腦附加卡、終端配線器（TA）、多功能工作
站……等等。非 ISDN 型終端設備，則是指一般的終
端設備，必須加裝終端配接器(TA)，才能連接 ISDN
使用，例如傳統話機、 G3 傳真機……等。

　　現在國內的 ISDN 是以撥接式的方式連接，目前
中華電信所提供的 ISDN 計費方式，與傳統撥接月租
費＋計時費的計費方式差不多。不過月租費比較高一
些。

11.2 專線

　　所謂專線，就是一條不需要經過撥接的程序，只
要電腦一開機就可以上網的 Internet 線路。這樣的
線路是定期繳付固定費用，就可以不限時間上網。雖
然撥接帳號也有不限使用時間的計費方式，不過那個
費用是交給 ISP 的部份，電話費的部份還是要按照使

用時間來計費。

11.2.1 一般固接專線

　　傳統的固接專線，就是向電信局申請裝設的網路專用線路，申請之後，電信局會給客戶一些 I P address，並派人來裝置線路，電腦只要裝好網路卡，再接上這個線路，就可以上 Internet 。

　　這樣的線路的費用相當昂貴，每個月動輒要花上幾萬，甚或幾十萬，所以一般的家庭用戶不會去申裝這樣的線路。

11.2.2 Cable Modem

　　目前國內的有線電視（Cable TV）非常普及，經過有線電視業者與 ISP 合作之後，有線電視的纜線也可以當做上網的線路，而 Cable TV 所使用的是同軸電纜，纜線上傳遞的是類比訊號，所以需要裝一個 Cable Modem 來轉換數位訊號與類比訊號，其費用比固接專線便宜許多，國內有業者喊價每月 999 元。

　　既然有線電視的纜線是用來傳送電視節目的訊號，那麼為什麼它又可以用來當 Internet 線路來傳遞資料呢？原因就是它們所使用的頻寬不同。就好比網路線路可以同時傳遞台視的訊號、中視的訊號、華視的訊號、TVBS 的訊號……等等。只要電視節目訊號沒有使用到的頻寬，都可以利用來在網路上傳遞資料。

　　利用 Cable Modem 來上網，可分為單向與雙向

兩種，雙向的 Cable Modem 可以 Download 與 Upload，單向的 Cable Modem 則只能 Download，要進行 Upload 的工作，必須要利用傳統數據機撥接，需要另外負擔電話費。

11.2.3 ADSL

非對稱數位用戶迴路（Asymmetric Digital Subscriber Line，ASDL）的技術是利用現有的電話線路來連接 Internet，所謂「非對稱」是 Download 比 Upload 快的意思，也就是說，ADSL 的特色是下載快速，但上傳速率就慢多了。國內的 ASDL 在 1999 年開始應用，目前 Download 的速率最快 6Mbps，Upload 的速率最快 640Kbps，取決於用戶與機房之間的距離與電話線路的品質，所以距離電信機房較近的網路族，就更適合用 ADSL 了。

用戶需要裝 ADSL 數據機來連接電話線。由於 ADSL 數據機是用新式調變／解調變技術，用戶上網時並不佔用傳統電話的頻帶，也就是說，電話訊號與網路傳遞訊號可以同時在電信線路上傳遞，這樣一來，上網的同時還可以打電話，不會互相干擾。

ADSL 與 Cable Modem 的比較

網路傳遞訊號時，頻寬決定了傳遞速率。雖然 Cable Modem 號稱下載時有 36Mbps 的頻寬，但這頻寬是由同一段纜線下，且使用同一個 6MHz 頻帶的所有用戶所分享，因此，當同一時間上網的用戶越多，

每個用戶分享到的頻寬就越少，這樣會影響線路品質。

電信線路的普及率也是 ADSL 相較於 Cable Modem 的另一項優勢。目前國內可以支援雙向 Cable Modem 傳輸的有線電視纜線少之又少，以後是會越來越多，但怎麼也比不上電話線的普及率。若是使用單向 Cable Modem，則因 Upload 時是用傳統數據機，用戶需另外支付電話費，對於需要長時間連線的用戶，也不適合。此外，ADSL 的網路安全性比較好。

在諸多 DSL 技術中，除了 ADSL 外，還有 HDSL、SDSL、IDSL（合稱 xDSL）等數位用戶迴路技術。關於中華電信的 ADSL 業務，可以參閱 http://cht.com.tw/88adsl/main.htm。

11.3 本章回顧

1. 上網方式可分為：（1）撥接：傳統撥接與 ISDN；
   （2）專線：包括固接專線、Cable Modem、ADSL。

2. 傳統撥接的作法，就是利用電腦連接數據機，再由
   數據機連接電話線，再設定撥接帳號在電腦裡面，
   就可以撥接上網。計費方式主要有月租費＋計時
   費、預購時數、無限上網。

3. 「整體服務數位網路」（Integrated Service Digital
   Network, ISDN）是一種整合各種通訊服務的數位
   式網路。

4. ISDN 被分成好幾個通道，包括 B、C、D、E、
   H 等等，每個通道都各有其作用。

5. ISDN 的實體介面可分為基礎傳遞效率介面（BRI），
   與主要傳遞效率介面（PRI）。BRI 是（2B+D），
   PRI 是（23B+D）或（30B+D）。目前國內的 ISDN
   線路是以 BRI 為主。

6. 目前國內的有線電視（Cable TV）非常普及，經
   過有線電視業者與 ISP 合作之後，有線電視的纜線
   可以透過 Cable Modem 當做上網的線路。

7. 非對稱數位用戶迴路（Asymmetric Digital
   Subscriber Line, ASDL）的技術是利用現有的
   電話線路來連接 Internet，上網的同時還可以打
   電話，不會互相干擾。所謂「非對稱」是 Download
   比 Upload 快的意思。

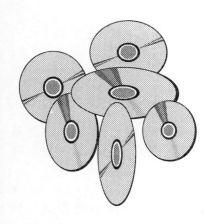

第十二章
電子郵件 E-Mail

日常生活中，我們常常會寄信給別人。這個過程，不外乎就是：寫信、裝進信封、貼郵票、寄出去等等。

在網路上，我們可以用 E-Mail（Electronic Mail，電子郵件）來代替傳統的寫信寄信方式。目前已有越來越多的人使用這種方式來寫信。這一章，我們將介紹 E-Mail 的原理、E-Mail 的特點，以及 E-Mail 的應用。

12.1 E-Mail 爲何物？

顧名思義，E-Mail 就是一種郵件，只不過這是利用網路上的電腦，用電子訊息方式寄出的郵件。

以往，當我們寄出一封信時，就是將郵件封好，寫好寄件人地址與收信人姓名地址之後，丟進郵筒或是交給郵局的收件窗口，然後郵局將郵件送到郵件上所寫的收件人之地址。

而 E-Mail 則是利用您的電腦中的電子郵件程式（如 Outlook Express），編輯好您的電子郵件。然後再與網際網路連線的狀況下，將電子郵件傳遞出去。然後，當收件人將他的電腦與網際網路連線，使用電子郵件程式，將他的電子郵件傳送到自己的電腦內，利用電子郵件程式閱讀之。

12.2 E-Mail 的特點

相較於傳統書信，使用 E-Mail 有下列好處：

1. 即時性：以往，我們寄出一封傳統信件，總要花個一天兩天才能送到收件人手裡。如果收件地址在國外，時間就更長了！而 E-Mail 經過網際網路的傳遞，不論收件者是在國內還是國外，只要幾分鐘，甚至幾秒鐘就可以送到收件人的電子郵件地址。

2. 費用低：如果收件人在國外，或是同樣內容的信件要寄給一大群人（印刷品、廣告之類的），那麼使用 E-Mail 的花費，要比使用傳統信件來得便宜。

3. 管理方便：傳統的信件累積了一段時間，難免會弄得亂七八糟。而電子郵件軟體附有一些管理方面的功能，管理郵件就方便多了。

不過，電子郵件可能還有其不能取代傳統郵件的地方。目前並不是每一個人都有電子郵件地址，如果要寄信給沒有電子郵件地址的人，只能用寄傳統信件的方式寄信。就算未來全世界每個人都有電子郵件地址，也都會常常去做上網取郵件的動作，但有些東西還是必須用傳統郵件的方式寄送（禮物、書籍……）。

12.3 電子郵件的郵局－郵件伺服器

剛才提到，寄件人是利用網路將電子郵件傳遞出去的。那麼，這個傳遞的過程又是如何呢？

郵件伺服器（Mail Server）是在網路上負責傳遞電子郵件，同時又包含有許多電子郵件地址（E-Mail Address）的電腦。當郵件伺服器接到一封電子郵件時，若此電子郵件的收件人電子郵件地址，正好在此郵件伺服器內，那郵件伺服器就會將此郵件儲存到該收件人的帳號內。否則郵件伺服器就會將此電子郵件傳遞出去。

寄件人將電子郵件寄出去之後，電子郵件會被傳送到網路上的郵件伺服器。此時您所送出去的電子郵件，就會被輾轉送到收件人的電子郵件地址所在的伺服器。過一段時間，收件人將他的電腦連接到他的電子郵件地址所在的伺服器，將電子郵件取下來，如下圖。

12.4 電子郵件地址

電子郵件地址就是網路上的信箱，每一位使用者都有一個獨一無二的信箱。一個電子郵件地址，第一部份記載使用者帳號，第二部份記載郵件伺服器名稱，中間以「@」符號作分隔，即 username@MailServer。比如說 ufal0193@ms13.hinet.net 這

個電子郵件帳號，@之後的 ms13.hinet.net 是郵件
伺服器的主機名稱，而 ufal0193 則是收件人的使用
者帳號。我們還可以從主機名稱，推敲出這個電子郵
件地址是在 Hinet 的第十三台郵件伺服器之中。

　　電子郵件在傳遞的時候，會先依照收件人的電子
郵件地址的第二部份，找出正確的郵件伺服器，再由
該郵件伺服器將電子郵件儲存到收件人的 E-Mail
Address 。

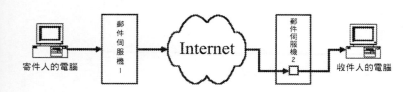

圖 12-1　電子郵件的傳遞過程

12.5 電子郵件的結構

　　一封電子郵件，可分爲標頭（Header）與主體
（Body）兩部份。主體記載的是郵件的內容，而標頭
則記載了關於這封電子郵件的各項資訊。主要的有寄
件人的 E-Mail Address 、收件人的 E-Mail Address 、
副本收件人的 E-Mail Address 、傳遞日期時間、郵
件主旨等等，如下圖所示。

```
From：（寄件人的 E-Mail Address）
To：（收件人的 E-Mail Address）
Cc：（副本收件人的 E-Mail Address）
Date：（傳遞日期時間）
Subject：（郵件主旨）
```
}　標頭（Header）

```
（主體）
Dear Elaine：
  承蒙惠顧，………_____
  _____
  _____
```

圖 12-2 電子郵件的結構

12.6 POP3 與 SMTP

在 Internet 上，有兩種傳輸電子郵件的通訊協定，也就是 SMTP（Simple Mail Transfer Protocol，簡單郵件傳輸協定）與 POP3（Post Office Protocol version 3，郵政協定第三版）。它們都是 E-Mail 傳輸或接收所使用的通訊協定。

SMTP 負責將使用者所編寫的 E-mail 送到 Mail Server，而 POP3 則用來從 Mail Server 中取 E-Mail。通常郵件伺服器（Mail server）會將寄件人寄出的 E-Mail 放在 SMTP 伺服器當中，而待接收的

郵件則由 POP3 伺服器處理。 SMTP 與 POP3 可能被安裝在同一部主機內，也可能被安裝在不同的主機，視 ISP 而定。

12.7 MIME

所謂的 MIME（Multipurpose Internet Mail Extension ，多目標網際網路郵件延伸），其實是一種網際網路 E-Mail 編碼的通訊協定。

前一節提到的 SMTP ，它所傳送的每一個位元組當中，其中一個位元是同位位元（Parity bit），所以 SMTP 僅能傳送七個位元組的 ASCII 碼，在傳輸中文郵件，或是其他的二進位檔案，可能會有無法正確傳送的問題。

這個問題的解決方式就是：MIME 。它可以支援多種格式來傳輸 E-mail ，所以我們可以利用 MIME 來正確地傳送中文郵件，或是二進位的檔案（例如.EXE 可執行檔）。

然而，MIME 通訊協定會將 ASCII 以外的檔案，做編碼的動作，所以在用 MIME 寄 E-Mail 時，接收端的電腦上，必須要有支援 MIME 的電子郵件程式來取得郵件。

S/MIME（Secure MIME）是在當今網路安全愈來愈受到重視的潮流下之產物。它是以 MIME 為基礎，配合 RSA 資料加密措施而成，即使 E-Mail 在傳遞過

程當中被人偷走，那人也無法探得當中的內容。因為有了 S/MIME，我們可以把要傳送的 E-Mail 與數位簽名，用 RSA 編碼之後才傳送出去。

12.8 從網路可以寄信給沒有 E-Mail Address 的人？

是的，目前我們已經可以利用網路，寄信給沒有 E-Mail Address 的人。因為郵局開辦了一項「電子郵件」的業務，標榜「電子資料傳送，實體郵件投遞」。它的原理就是將一篇寫好的書信，連同寄件人、收件人等等資料，從網際網路傳送給郵局。再由郵局將這些資料列印出來，裝進信封，寄到收件人手中。郵資經過寄件人指定，由寄件人的存款帳戶或信用卡轉帳支付。

目前這項業務，僅限於寄國內的一般郵件與印刷品郵件。您必須要到各地郵局（最好是總局）辦理申請。其使用方式，您可以在申請之後，參閱郵局給您的說明書。

12.9 本章回顧

1. E-Mail 就是利用網路上的電腦，用電子訊息方式寄出的郵件。

2. 相較於傳統書信，使用 E-Mail 有即時性、費用低、管理方便……等等好處。

3. 郵件伺服器是在網路上負責傳遞電子郵件，同時又包含有許多電子郵件地址的電腦。

4. 電子郵件地址就是網路上的信箱，每一位使用者都有一個獨一無二的信箱。

5. 一個電子郵件地址，第一部份記載使用者帳號，第二部份記載郵件伺服器名稱，中間以「@」符號作分隔，即 username@MailServer。

6. 一封電子郵件，可分為標頭與主體兩部份。

7. 在 Internet 上，有兩種傳輸電子郵件的通訊協定，也就是 SMTP 與 POP3。它們都是 E-Mail 傳輸或接收所使用的通訊協定。

8. MIME 是一種網際網路 E-Mail 編碼的通訊協定，可以用來正確地傳送中文郵件，或是二進位的檔案。

9. S/MIME（Secure MIME）是在當今網路安全愈來愈受到重視的潮流下之產物，有了它就不用擔心 E-Mail 被竊取。

第 十 三 章
全 球 資 訊 網 *WWW*

現在網路上最風行的，莫過於全球資訊網（World Wide Web，WWW）了。在 WWW 的世界裡，是利用文字、圖片、影像、動畫、聲音等等方式，傳遞許多新鮮的訊息。利用超連結（HyperLink）還可以更方便快速地瀏覽網頁。而在這個世界裡遨遊，享受 WWW 所帶來的樂趣與便利，就需要利用瀏覽器了。

13.1 文字模式的 WWW：Gopher

Gopher 是一種網路上的分散式資訊系統，俗稱「小地鼠」，是美國明尼蘇達大學在 1991 年 4 月開發出來的。它之所以被稱為 Gopher，是因為使用者有了任何一個 Gopher 站的帳號密碼，還可以到其他的 Gopher 站找尋資訊，這樣就好像小地鼠在地底下一直鑽洞一樣。它是以階層式的架構，把各項資訊分門別類，說穿了，就好比是一本書一樣，Gopher 裡面的資料就是書的內容，其架構就是書的目錄，如此一來，使用者搜尋資料時就可以更為便利，如下圖。

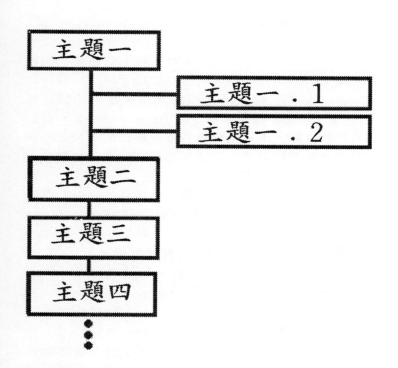

圖 13-1　Gopher 資料的結構

　　由於 Gopher 只支援純文字的環境，無法提供影像、聲音的服務，隨著 WWW 漸漸普及，Gopher 的功能漸漸被取代，也就漸漸沒落了，也有人將 Gopher 喻為「文字模式的 WWW」。

13.2 WWW 的誕生

西元 1989 年，在瑞士日內瓦的「歐洲量子物理實驗室」（The European Laboratory For Practical Physics，一般採用當地語言的拼音，簡稱其為 CERN），有位研究員叫做 Tim Berners-Lee，提出一項研究計劃，主旨是要讓各地各部門的研究員分享研究的資料。而方式是將圖文並茂的文件，在網路上提供使用者傳遞閱讀。

後來 Tim Berners-Lee 將之命名為「World Wide Web」，制定出「超文件傳輸通訊協定」（HyperText Transfer Protocol，HTTP），設計了第一個 WWW 瀏覽器（Browser）與 WWW 伺服器程式。

目前眾人所熟知的瀏覽器，包括 Netscape Navigator 與 Microsoft Internet Explorer。Netscape（網景）的總裁 Jim Clark 曾經找來以前寫 Mosaic 瀏覽器的 Marc Andressen 共同打拼，使得 Netscape Navigator 在瀏覽器軟體的佔有率曾經高達九成，但後來由於 Microsoft（微軟）利用他們在作業系統軟體的優勢，與 Netscape 進行強勢競爭，使得 Netscape 的優勢逐漸衰退，形成 Netscape Navigator 與 Microsoft Internet Explorer 兩強瓜分瀏覽器市場的局面。

13.3 WWW 的概念

網際網路的各項服務項目（FTP 、 E-Mail 、 News……）都是由伺服器（Server）來提供服務。也就是說，FTP 有 FTP Server，E-Mail 有 Mail Server，News 也有 New Server。當然 WWW 也是一樣，每一個 WWW 網站都有 WWW Server。

WWW 網站內的資料，包括網頁文件資料，以及一些多媒體檔案（圖片、影像、動畫、聲音……等等），可能還連結一些資料庫，供使用者查詢資料用。使用者要上 WWW 網站閱讀網頁，就需要使用瀏覽器作為介面，從 WWW 網站讀取網頁文件資料。（如圖 13-2）

HTML 與 HTTP

「超文件標示語言」（HyperText Markup Language, HTML）是用來編寫網頁文件用的語言。現在的網頁文件，都是以 HTML 編寫而成的。

HTML 之中有許許多多的標籤。當一個段落或動作開始的時候，就直接輸入「小於符號」＋「標籤名稱」＋「大於符號」就可以，例如：<HTML>。而當一個段落或動作結束的時候，就是在小於符號與標籤名稱之間，加入一個「／」，例如：</HTML>。

一個網頁文件之中，包括有標頭（Header）與主體（Body）兩個部份。標頭的內容是這個網頁文件的標題（Title），使用瀏覽器閱讀網頁的時候，標題

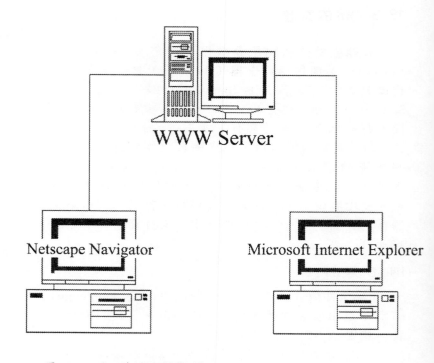

圖13-2　使用者利用瀏覽器(Internet Explorer或Navigator)
來讀取 WWW 網站的資料

通常會顯示在視窗最上面的標題列。而主體內容就是
我們在瀏覽器上看到的網頁內容。而一個網頁文件的
標準結構，則是如下圖所示。

＜ HTML ＞（網頁文件開頭）
＜ HEAD ＞（標頭開頭）
＜ TITLE ＞（標題開頭）

標題文字

＜ /TITLE ＞（標題結束）
＜ /HEAD ＞（標頭結束）
＜ BODY ＞（主題開頭）

網頁主題內容

＜ /BODY ＞（主題結束）
＜ /HTML ＞（網頁文件結束）

圖 13-3　網頁文件的標準結構

　　用來寫超文件的叫做 HTML，用來傳輸網頁的通
訊協定叫做「超文件傳輸協定」（HyperText Transfer
Protocol, HTTP）。就是我們輸入網頁的網址時，
會寫在最前頭的文字（http://……）。有了這個通

訊協定，瀏覽器可以正確地把網頁顯示出來。

超連結

　　網頁文件上，可能有一些超連結（Hyperlink）。這個超連結可能是一段文字，也可能是一張圖片。當滑鼠指標移到超連結上，滑鼠指標會變成像是手的形狀。用滑鼠指標按一下超連結就會啓動一個動作。這個動作可能是連結到其他網頁，或是下載檔案，或是開啓一個新郵件。

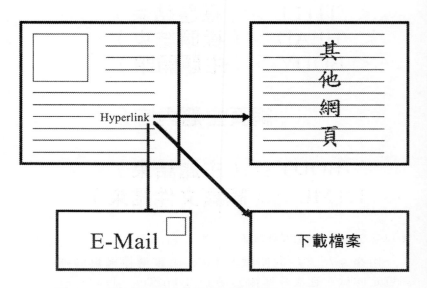

圖13-4　點按超連結，可能會連結到其他網頁，或是下載檔案，或是開啓一個新郵件

超連結在 HTML 之中，是用 <A> 與 </A> 寫的。例如我們要加入一個連接到 TVBS 網頁的超連結，只要加入下面這一行即可：

<A HREF="http://www.tvbs.com.tw/">按這裡</A>連接到 TVBS

URL

我們要用瀏覽器閱讀一個網站的網頁時，除了要與 Internet 連線之外，還要告訴瀏覽器該網站在哪裡。這時候就要輸入該網站的 URL（Uniform Resource Locator）。

URL 的內容會有要使用的通訊協定名稱（例如：http）、該網站的主機名稱或 IP Address。URL 的其他內容，包括通訊埠編號、路徑名稱、網頁文件名稱，有時會使用，有時會省略。

URL 的格式為〔通訊協定名稱〕://〔主機名稱或 IP Address〕:〔通訊埠編號〕/〔路徑〕/〔網頁文件名稱〕。例如：http://www.mis.cycu.edu.tw:8080/mishead/coffee.htm。

13.4 搜尋引擎

有一些網站，可以提供使用者找尋一些關於某方面的資料，這些網站一般被稱為「搜尋引擎」（Search Engine）。使用者只要輸入關鍵字，搜尋引擎就會找出相關網站或網頁給使用者。

　　例如說，現在要尋找關於微軟公司的網址，您可以輸入關鍵字「微軟」或「Microsoft」，最後按下「搜尋」按鈕即可。接下來，搜尋引擎會列出找出來的網站，您只要利用這些網站的超連結，就可以連接上這些網站了。

國內幾個搜尋引擎

GAIS

http://gais.cs.ccu.edu.tw/cgais.html

OPENFIND

http://www.openfind.com.tw/

KIMO

http://www.kimo.com.tw/index.shtml

SINA

http://www.sina.com.tw/

Todo

http://www.todo.com.tw/

蕃薯藤

http://www.yam.org.tw/

13.5 CGI

　　共同匣道介面（Common Gateway Interface, CGI），是一種能讓使用者與伺服器交換資料的動態網路技術。例如：我們要辦一次網路民調，我們要為使用者設計一個網頁，還要在網站的主機放一個計票

程式。然後再利用 CGI 的技術來將使用者投的票傳到計票程式。然後計票結果被更新,顯示計票結果的網頁也被更新。

　　CGI 應用程式是一個可執行程式,要寫一個 CGI 應用程式,可以使用許多種程式語言來寫。如 C 、C++ 、Fortran 、Perl 、TCL 等等。

13.6 Java

　　Java 是 Sun 公司發展出來的物件導向程式語言,它可以跨越各種平台。其語法類似 C++ ,不過 Java 比 C++ 簡單一些。

　　Java 可以達成使用者與網站互動的效果,也可以設計動態網頁。一開始,Java 程式是被編譯成執行檔後,擺在伺服器上執行的。不過現也有直接被加在網頁文件原始碼執行的 Java Applet 與 Java Script 。

13.7 本章回顧

1. Tim Berners-Lee 創造出 World Wide Web ，制定出 HTTP ，設計了第一個 WWW 瀏覽器與 WWW 伺服器程式。

2. 超文件標示語言（HTML）是用來編寫網頁文件用的語言。現在的網頁文件，都是以 HTML 編寫而成的。

3. 用來傳輸網頁文件的通訊協定叫做「超文件傳輸協定」（HTTP）。

4. URL 的內容會有要使用的通訊協定名稱、該網站的主機名稱或 IP Address 。

5. 有一些網站，可以提供使用者找尋一些關於某方面的資料，這些網站一般被稱為「搜尋引擎」（Search Engine）。

6. 共同匣道介面（CGI），是一種能讓使用者與伺服器交換資料的動態網路技術。

7. Java 可以達成使用者與網站互動的效果，也可以設計動態網頁。

第十四章
檔案傳輸 *FTP*

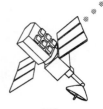

　　您可能在逛電腦賣場的時候，會看到一些店有賣軟體，那些軟體大都是一些需付費才能取得使用權的軟體。而電腦族所使用的軟體，還不是只有這些軟體而已，有很多軟體是不需付費就可以使用的，一般稱為共享軟體（Ｓｈａｒｅｗａｒｅ）或是免費軟體（Freeware）。有些是應用軟體（文書處理、影像處理……等等），也有些是遊戲類的軟體。

　　這些軟體要如何取得呢？雜誌附贈的光碟？那可能要等到光碟裡有您需要的軟體才行（而且也未必能等得到）。購買收集各個共享軟體與免費軟體的光碟？那又得花個幾百塊。

　　事實上，網際網路上有一些 FTP 站台，它們提供了各式各樣的共享軟體與免費軟體，讓所有網路族下載。而什麼是 FTP 呢？又如何利用 FTP 來取得您需要的軟體呢？我們將在這一章為您解說。

14.1 什麼是 FTP？

　　以往沒有網路的時候，要將檔案從一台電腦複製到另一台電腦，必須要使用一些媒介（如：磁帶、磁碟片）。而有了網路之後，我們就可以從網路上傳輸檔案了。

　　然而，若要兩台電腦直接傳輸檔案，那麼就必須兩台電腦同時都開機，而且相關的應用程式要在開啟狀態，相當麻煩。所以在網路上傳輸檔案，通常採用

在網路上裝設檔案傳輸用的伺服器之方式。

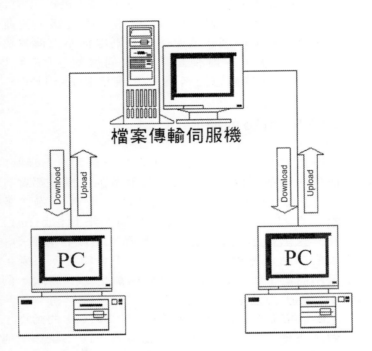

圖 14-1　在網路上裝設檔案傳輸伺服器，其他電腦可以隨時傳遞檔案

　　由於網路上的各台電腦，未必使用相同的作業系統與應用程式，例如，你的電腦使用的是 Windows，別人電腦可能是用 Unix、DOS，或是 OS/2。因此，需要有一種通訊協定，在網路上的電腦傳送檔案時，

可以擔任協調的工作。而最典型的傳輸檔案之通訊協定就是「檔案傳輸協定」（File Transfer Protocol, FTP）。FTP 是一種讓 TCP/IP 網路上的電腦，彼此之間能傳送檔案的通訊協定。而在網際網路上傳輸檔案用的伺服器，一般稱為「檔案伺服器」（FTP Server），有時候也簡稱為 FTP 或是 FTP site。

14.2 FTP site的網址

所謂 FTP site（站台），就是一個 FTP Server 所構成的網站。就像網路上的其他電腦一樣，都會有一個 IP Address，如 140.114.250.2。不過大多數的 FTP site 也會有一個主機名稱，如 ftp.hinet. net、ftp.cis.nctu.edu.tw 等等。主機名稱是 ftp 開頭的網站，那肯定是 FTP site 不會錯了。不過，不是所有的 FTP site 的主機名稱都是 ftp 開頭，例如：toget.pchome.com.tw。

將檔案從自己的電腦傳遞到 FTP Server 的動作，叫做「上傳」（Upload）。將檔案從 FTP Server 傳遞到自己的電腦之動作，叫做「下載」（Download）。網路族常常會從網路上的「FTP site」裡，下載檔案到自己的電腦。而有時也可以從自己的電腦上傳檔案到 FTP site。從 Client-Server 的觀點來看，FTP site 就是 Server，而使用者的電腦就是 Client。

通常，從主機名稱我們可以很容易得知該 FTP site 是誰的站。例如，我們可以由 <u>ftp.hinet.net</u> 這個主機名稱，得知它是中華電信所屬的 ISPHinet 所架設的 FTP site。

14.3 FTP site 裡有些什麼東東？

一般的 FTP site，都會提供一些共享軟體（Shareware）與免費軟體（Freeware）。這兩者有什麼分別呢？

免費軟體是可以直接安裝使用不需付費，也可以取得程式原始碼，自由地散播、修改。這些軟體可能會有 General Public License。

共享軟體在安裝好之後，使用時可能會出現要求註冊的訊息。有的共享軟體還會限制使用期限，期限到了就必須註冊才能繼續使用。這可能是因為軟體設計者希望使用者能贊助他們，讓他們可以開發出更好的軟體。

據說，有一些「地下」FTP site，會私下提供一些盜版軟體。不過這類的 FTP 站需要登入使用者帳號（User ID）才能使用，而且站長只會提供帳號給認識的人。網路上也有些人，會利用某些網路族想要使用地下 FTP site 的心理，發佈一些「想要地下 FTP 帳號嗎？請留下您的「E-Mail」之類的訊息，收集網友們的 E-Mail Address，然後不時地發廣告信函到這些 E-Mail Address。所以，以後您若在網路上看

到這類訊息，可不要當真。

14.4 如何連上 FTP site？

在 Windows 的環境下，有些 FTP site，可以使用瀏覽器（Microsoft Internet Explorer、Netscape Navigator 等等），輸入 FTP site 的 URL（例如：ftp://ftp.hinet.net/），然後再從顯示出來的網頁中，尋找要下載的檔案之名稱，以類似點按超連結的方式，完成檔案傳輸的動作。

而有些 FTP 站，需要用到專門用來做檔案傳輸的軟體（Ws_ftp、CuteFTP……等等），先 Login（輸入帳號、密碼），才可以登入 FTP 站，然後尋找要下載的檔案，下達下載指令，以下載檔案。不過有的 FTP 站不需要帳號密碼也可以 Login。

續傳軟體─ GetRight

您可能會在用瀏覽器逛 FTP site 時，從瀏覽器上看到有一個蠻不錯的軟體，於是就要將它下載到自己的電腦裡。可是，在下載途中，可能會因為某種原因（比如說：快要停電，臨時有急事），讓您不得不中斷這個下載。可是，這樣就會使目前的下載前功盡棄！

有一個蠻好用的共享軟體，叫做 GetRight。可以讓您不再有這樣的煩惱。它有一種功能，一般稱為「續傳」。也就是說，本次下載完成之前，可以先中

止傳檔。等下一次傳檔時,再繼續從上次中止進度的地方繼續下載。

有些雜誌書籍所附贈的光碟片中,會有 GetRight 這個軟體。您也可以從網路下載 GetRight 軟體。

有些 FTP 軟體也有支援續傳功能,像是 WS_FTP Pro 版。另外,CuteFTP 也有支援這樣的續傳功能,不過必須是經過註冊的版本才有支援。

14.5 搜尋檔案的 Archie

前面提到在 WWW 的世界裡,一些用來尋找網站的 Search Engine,而尋找檔案用的 Archie 就相當於檔案的 Search Engine。當使用者要找尋某一個檔案來下載,雖然知道檔案名稱(或部份名稱),但是不知道哪兒有這個檔案,或是不知道這個檔案被放在哪一個目錄之下,這時候就可以利用 Archie 來搜尋了。

國內有一些搜尋檔案的 Archie 伺服器,像是 archie.edu.tw 與 archie.twnic.net,它們都支援 Web 介面,所以使用者可以像使用 Search Engine 那樣找檔案。另外,我們還可以使用一些 Archie 軟體來找尋檔案,像是 WS Archie 與 fpArchie。

14.6 本章回顧

1. 以往沒有網路的時候，要將檔案從一台電腦複製到另一台電腦，必須要使用一些媒介。而有了網路之後，我們就可以從網路上傳輸檔案了。

2. 最典型的傳輸檔案之通訊協定就是 FTP（File Transfer Protocol，檔案傳輸協定）。

3. 將檔案從自己的電腦傳遞到 FTP Server 的動作，叫做「上傳」（Upload）。將檔案從 FTP Server 傳遞到自己的電腦之動作，叫做「下載」（Download）。

4. 一般的 FTP site，都會提供一些共享軟體（Shareware）與免費軟體（Freeware）。

5. 要在檔案傳輸過程中使用續傳功能，您可以考慮 WS_FTP Pro、CuteFTP，不過必須是經過註冊的版本才有支援。或者您也可以用 GetRight。

6. Archie 就相當於檔案的 Search Engine。

第十五章
電子佈告欄 BBS

　　您可能曾聽過，有的人想找人聊天，會上 BBS 站。有的人要問電腦方面的問題，會到 BBS 上問。有的人要找工作時，也會從 BBS 上找。有的藝人想了解觀眾們對自己的看法與意見，也會去 BBS 上看。到底 BBS 是什麼樣神通廣大的東西，能有這麼多用途？看了這一章，您可能也會迫不及待地要上 BBS 一窺究竟。

15.1 什麼是 BBS？

　　BBS（Bulletin Board System），中文叫做「電子佈告欄」。最早的 BBS，就像它的名稱一樣，就是在網路上，像佈告欄一樣單向傳遞訊息。這樣不僅節省紙張，傳遞訊息的效率也比傳統佈告欄高。

　　以前在台灣發展起來的 BBS，與當今許多人在玩的 BBS 有所不同。當時的 BBS 站台，只要一台普通的 PC 與一台數據機就可以架得起來。使用者也使用 PC 與數據機，直接撥號到 BBS 站的專線電話來連線，所以在同一時間同一條線路上，只能一位使用者連線上站。這種 BBS 還具有類似 FTP 的功能，而有些 BBS 站，甚至成為盜版軟體交流的溫床。

許多網友愛玩 BBS 的原因

　　現今 Internet 上的 BBS，是一種以文字模式來傳遞訊息的網路系統。雖然它不像 WWW 那麼多采多姿，但是目前卻還是許多人愛用的資訊交流管道。不

管您是什麼身份，只要在 BBS 上取得了帳號，您就可以在 BBS 上發表高論給網友看。也可以看看別人的文章，獲取一些心得。

如今愛玩 BBS 的網友，特別是大專院校學生。而他們愛玩 BBS 的原因各不相同。根據筆者觀察，主要有以下幾點：

1.討論事情：有些網友上 BBS，是為了討論某些事情。例如說，你最想跟哪位藝人共進晚餐？你們怕不怕兵變？或者是一些經驗交流（例如：哪一家餐館的料理好吃），或是一些電腦軟硬體的問題等等，都可以到適當的討論區發問，或尋找答案。

2.公佈事項：對於愛玩 BBS 的學生來說，系上、班上的事情都可以利用 BBS 這個管道公佈。另外，想要求才或求職的人，也可以利用 BBS 這個管道。

3.聯繫感情：這是在校園的 BBS 上常見的情形。在某些 BBS 的版面上會看到一些閒聊打屁的文章。有的網友還會在 BBS 上與朋友線上聊天，可能是一大票人在聊天室會談，也可能是一對一的談話。

4.玩玩遊戲：有些 BBS 提供一些輾轉連線到網路遊戲站台的服務，例如：大老二、網路麻將……等等，不過這些功能並不是每個 BBS 站都有開放。

在大學校園裡，可以看到許多同學玩 BBS 玩得流連忘返，它似乎已經成為校園中意見與資訊交流，甚至是交朋友的主要管道了。不過 BBS 雖然提供了一個自由又高隱密性的討論空間，但也有許多人利用它的

隱密性，說一些不負責任的話，教人不勝唏噓。

15.2 連線到BBS的法寶 — Netterm

目前 BBS 族最愛用的軟體，莫過於 Netterm 這套軟體了。Netterm 的介面相當容易上手，而且在 Netterm 的視窗中，可以讓 BBS 的文字呈現多種顏色。

如何取得Netterm？

Netterm 是一種共享軟體。有些雜誌或書籍附贈的光碟中就有 Netterm。或者，您也可以上 toget. pchome.com.tw 這樣的網站去下載 Netterm，如下圖。

輕鬆一下：文字表情

許多網友在 BBS 上 Talk 或是發表文章時，常常會使用一些符號，拼湊成一個面部表情，表達自己的心情。比如說，微笑的表情「^_^」、「:-)」，大笑的表情「:-D」，驚訝的表情「:-Q」，以及生氣的表情「_/」等等。您在玩 BBS 時，不妨也可以使用文字表情。

15.3 使用BBS應注意事項

在這個世上，不論什麼地方，都應該要有一點規範，不能為所欲為。BBS 上也是如此，尤其是每一個 BBS 站都必定會有一群站長與站務人員，要是違規

圖15-1　Netterm的介面

　　情節太過嚴重的話，可能會被砍掉帳號，並將該使用者列入黑名單。

　　最基本的規範，就是不能講髒話，或是人身攻擊的言論。當然也不能從事非法的行為（例如：郵遞名單賺錢、賣大補帖）。還有就是不能將同樣的一篇文章，在許多討論區中到處貼（也就是所謂的Cross-Post）。

　　為了將 BBS 的管理規範明文化，台灣學術網路管理委員會在民國八十四年三月六日訂定出一個「台灣學術網路 BBS 站管理使用公約」，全文如下：

****

台灣學術網路 BBS 站管理使用公約

1995.03.06

　　BBS（Bulletin Board System）具有訊息交換、線上交談、問題解答、經驗交流等多項功能，舉凡校園資訊、圖書館服務、學術活動、交通資訊都盡在其中，為學校學生之最愛，在台灣學術網路上甚為流行，因此為使網路資訊品質不流於浮濫，擬定以下規範做為 BBS 站管理者及使用者遵守之依據。各學校應為其 BBS 站負起督導責任，而各站管理者需能配合督導其站內使用品質。

一、管理方面

　　1.各學校應盡告知本公約之義務，並應為其 BBS 站等各類網路服務負起督導責任。

　　2.必須記錄遠端主機（remote host）及遠端使用者（remote username）以便追蹤問題來源。

　　3.版面名稱必須定義清楚俾利使用者選擇適合的討論區。

　　4.討論區之設立與刪除由各站自行決定辦法。

　　5.板主（Board Manager）之產生、任期、罷免或辭職等辦法由各站自行決定。

　　6.各站之管理人與相關版主須為其版內之文章發

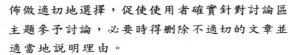

佈做適切地選擇，促使使用者確實針對討論區主題參予討論，必要時得刪除不適切的文章並適當地說明理由。

7.各單位之 BBS 站禁止使用 BBSnet 的功能。

8.各單位依據本公約，自訂管理辦法，並提報學校或機關之權責單位核備後公佈之。

二、使用方面

1.使用者不得使用他人帳號，並且只有註冊者才能張貼文章，使用者應為自己所張貼的每一篇文章負責，並遵守下列三點要求：

（1）禁止利用 BBS 做為傳送或發表具威脅性、猥褻性、攻擊性、毀謗性及有商業版權、商業廣告營利、專利性的資料及文章。

（2）禁止利用 BBS 做為干擾或破壞網路上其他使用者或節點之硬軟體系統，例如散佈電腦病毒、嘗試侵入未經授權之電腦系統、或其他類似之情形者，皆在禁止範圍內。

（3）避免在公眾討論區討論私人事務，發佈文章時，請尊重他人的權益及隱私。

2.註冊時，使用者必須註冊完全，必須告之「真實姓名」、「地址」與「電子郵件地址」（e-mail address），註冊不全或違規使用者，系統管理者（SYSOP）有權清除其帳號。

三、其他

1.各站的使用者所公開發表之著作，如涉嫌侵害他人之權利時，自負民事與刑事責任，必要時

各站可主動依法處理。

2. 本公約之修訂需經台灣學術網路（TANet）管理委員會通過後施行。

15.4 新使用者認證

如果你第一次上 BBS 站，在站上還沒有帳號的話，那就需要註冊一個代號了。通常就是在連線上站之後，輸入「new」開始註冊新代號的步驟。

但是代號畢竟是代號，光看代號很難知道使用者的真實身份到底是誰。萬一有使用者註冊一個帳號胡作非爲（例如：造謠誹謗、違法交易……等等），使得 BBS 變成犯罪的溫床，那可是一件很麻煩的事。

有鑑於此，在 BBS 上註冊一個新代號，就必須要有一個身份認證的過程，能夠在必要的時候，查出使用者的真實身份，這樣才能讓使用者爲自己的言行負責。

目前 BBS 的使用者認證，主要是以 E-Mail 回覆做爲認證方式。也就是說，BBS 系統會根據新使用者在註冊時所填寫的 E-Mail 信箱，寄出一封認證信函。使用者只要從這個 E-Mail 信箱中接收這封信函，直接回信給 BBS 系統，那麼這位使用者的代號就可以通過認證，並立刻開放權限。不過有的 BBS 站則是規定，在使用者通知認證之後，必須等待 72 小時才能

開放權限。

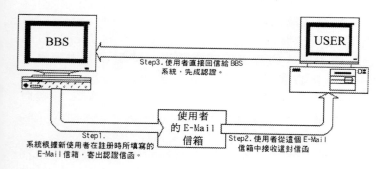

圖 15-2　使用者認證過程

　　然而，並不是任何一個 E-Mail 信箱，都可以用來做身份認證用。因為現在在網路上，有一些網站提供免費的 E-Mail 信箱，通常 BBS 站的站長會把這樣的 E-Mail 信箱設定為不可認證的 E-Mail 信箱。

15.5 BBS 的轉信

　　你可能聽過一些玩 BBS 的朋友提到「轉信」這個詞，什麼是轉信呢？簡單地說，轉信就是一種讓你在一個 BBS 站所貼的文章，輾轉送到其他 BBS 站，使得其他各大 BBS 站同樣的討論區中也可以看到你的這篇文章的功能。

15.5.1 網路論壇 News

網路論壇出現在 1979 年，它是 Internet 上的討論園地，在那裡網友們可以到各個不同主題的討論區，看看別人的意見，或發表自己的看法，用來執行 News 服務的機器就是新聞伺服器（News Server），而使用者可以使用一些軟體來上 News 站來參與討論，像是 Free Agent、Virtual Access、Micro Planet Gravity、Outlook Express 等等。

BBS 的轉信功能是怎麼做到的呢？其實是利用網路上的一些新聞伺服器。在這些新聞伺服器上，就跟 BBS 一樣，分成好多好多個討論區，只要設定好 BBS 的各個討論區，要與新聞伺服器上的哪些討論區轉信，就可以做到轉信的功能。國內的 BBS 與 News 轉信的討論區，通常是在 News Server 上的那些以 tw.bbs 開頭的討論區。

下圖中，我們看到三個 BBS 站與新聞伺服器轉信（實際上通常不只三個）。舉例來說，BBS（1）的 TV 版文章，傳至新聞伺服器的 TV 討論區，再轉到另外兩個 BBS 站的 TV 版，這樣就完成轉信。其他兩個 BBS 站也是以同樣的方式來轉信。

15.6 BBS 的工作人員

之前曾經提到，每一個 BBS 站都必定會有一群站長與站務人員。那麼，到底 BBS 站有哪些工作人員？

新聞伺服器

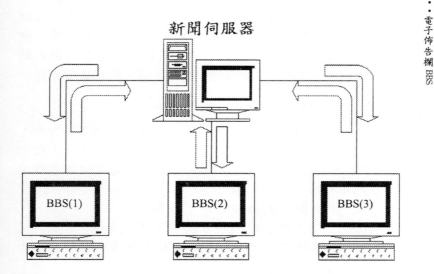

圖15-3 轉信的原理

都做些什麼事情？

15.6.1 站長

「站長」（SYSOP，也就是 System Operator）每個站都一定會有，在一個 BBS 站上的所有工作人員之中，就屬站長的權限最大。每個站大概都有 SYSOP 這個站長專用的帳號，但是站長本人也可能另外建立一個權限相當於站長的帳號。一些較大的 BBS 站，可能會有不只一個站長，這樣就可以分擔繁重的事務。

站長的職務，可以分做兩個部份，有的 BBS 站設

立兩個站長，把這兩部份的職務分給這兩位站長，然後讓他們各司其職。一般稱爲「站務站長」與「系統站長」。站務站長所負責的職務，是一些與看板、使用者相關的事務。而系統站長所負責的是 BBS 站系統軟體的正常運作，避免受到 bug（程式的錯誤）影響。

15.6.2 板主

　　BBS 站有許多的看板，光靠站長來管理這些看板，似乎太過繁重了些，所以就要把各個板面分別交給許多位板主管理了。通常板主是審核通過的使用者提出申請，就可以立即就任。

　　通常板主的職務有以下幾點：

　　1.爲自己管理的板，訂定一些規則。

　　2.將網友在板上發表的文章，選擇一些不錯的大作收錄在精華區中。

　　3.砍掉一些不適當的文章，包括與看板主題不相關，灌水，違反板規，或是有不當言論出現的文章。

15.6.3 總管

　　以前，BBS 站是由站長，也就是 SYSOP 管理所有的站務，不過後來有不少的 BBS 站，因爲站務日益繁重，所以除了站長與板主之外，BBS 站上可能還會有一些站務人員擔任特定項目的管理員，包括看板總管（或稱討論區總管）、帳號總管、聊天室總管。

　　看板總管跟板主所做的事情相似，不同的是，板主只管一個板（不過有的板主會申請好幾個板的板

主），而看板總管是管全部的板。有時看板總管也被授與新增刪除看板，板主的任命與解職的權力。

　　有些使用者可能因為某些因素，無法通過 BBS 系統的自動認證。帳號總管處理的事項，就是讓無法通過系統自動認證的使用者，通過身份認證程序。另外，還有修改使用者權限，刪除違規使用者的帳號等等。

　　一般的情況下，聊天室就是單純提供使用者集會談話用的，通常不會有什麼狀況。不過，難保不會有無聊的使用者來鬧場的狀況發生。聊天室總管是負責在必要時，將在聊天室鬧場的使用者趕出聊天室，並提報站長處理。

15.7 本章回顧

1. BBS（Bulletin Board System），中文叫做「電子佈告欄」。

2. 網友愛玩 BBS 的原因，主要有：a.討論事情 b.公佈事項 c.聯繫感情 d.玩玩遊戲。

3. 目前 BBS 族最愛用的軟體是 Netterm。

4. 使用 BBS 應該注意「台灣學術網路 BBS 站管理使用公約」的條文，並注意不能講髒話，或是人身攻擊的言論，也不能從事非法的行為，也不能 Cross-Post。

5. 第一次上 BBS 站，在站上還沒有帳號的話，那就需要註冊一個代號了。通常就是在連線上站之後，輸入「new」開始註冊新代號的步驟。

6. 目前 BBS 的使用者認證，主要是以 E-Mail 回覆做為認證方式。

7. 通常「轉信」是利用 News Server，讓文章輾轉送到其他 BBS 站，達成文章互相交流的結果。

8. BBS 的工作人員，主要有站長（SYSOP）、板主、總管。

第十六章

網路安全

　　網路是電腦流通資料的地方，在這樣的地方，有一些安全上的問題需要注意（尤其身處當今網際網路的時代），這也是本章所要講的重點。

16.1 網路的安全問題

　　網路安全，就是要讓網路上的電腦保持在正常運作的狀態，前提是要讓資料能保持完整、正確，並且只讓經過授權的使用者讀取或使用資料。要達到這個理想，必須要考慮一些危害網路安全的因素，並且儘可能避免這些因素，包括人為因素與非人為因素。

16.1.1 人為因素

1. 操作不當－像是工作人員誤刪檔案。
2. 程式錯誤（Bug）－程式的設計有錯誤，造成執行結果與預期不同。
3. 非法入侵－侵入者（駭客）利用電腦網路侵入電腦，隨意竊取、更改、甚至刪除檔案。
4. 病毒（Virus）破壞－因人為散佈，或是任意拷貝資料，使得電腦系統感染到電腦病毒，發作時造成資料損毀。

16.1.2 非人為因素

1. 意外災害－水災、火災、雷擊。
2. 系統當機－就是系統意外地停止一切動作，這也可能造成資料錯誤或毀損。

3. 停電—各種原因造成的電力中斷，包括：維
　　修線路、電塔倒塌、意外災害、電費沒繳……
　　等等。

16.2 保障網路安全的策略

　　網路安全有著這麼多的顧慮，那麼要如何降低不
安全狀況發生的機率到最低程度？在建立網路系統
時，就應該考慮到網路安全的問題，將保障安全的功
能建立在網路系統之內，待系統建立起來之後，再不
斷地維護網路安全。針對上節所述網路安全會面臨的
問題，都應該在建立網路系統時考慮進去，做一些預
防措施。

16.2.1 防範人爲的危險因素

1.防止操作不當—存放重要資料的電腦，只能讓
　專員操作，不熟悉電腦的工作人員最好不要去
　操作，以免檔案受損。另外，重要資料要儘可
　能常常做備份（Backup），以備不時之需。
2.防止程式錯誤（Bug）—程式的設計過程中，
　最好能先做好各種測試，再行使用，以免程式
　執行時造成資料錯誤。
3.防止非法入侵—要防範駭客隨意竊取、更改、
　甚至刪除檔案，最好能安裝防火牆（Firewall）
　之類的東西，這樣駭客就很難侵入。不過爲了

以防萬一,還是要做好備份的工作,這樣在被駭客破壞資料時,可以很快地還原資料。

4. 防止病毒破壞－電腦病毒是一小段程式碼,通常有一定程度的「傳染力」,這段程式碼被執行之後的後果,輕者被寫病毒的人「唬弄」了一下,重者電腦內的資料會全部損毀!要防止電腦病毒的破壞,除了做好備份的工作之外,要防止電腦病毒的破壞,還要養成良好的習慣,就是不要隨意拷貝來路不明的軟體或資料,另外,現在市面上有許多防毒軟體,像是 PC-cillin、Antivirus、ZLOCK……等等,使用者可從中選用。

16.2.2 防範非人為的危險因素

1. 防範意外災害－平常我們可以針對一些天災做一些防範,像是裝置消防系統,但是天災真的要來的時候,人的力量是難以阻止的,若真的因為天災造成資料毀損,只有靠備份資料來補救一途了。

2. 防範系統當機－電腦當機是許多使用者的夢魘,儘管我們可以用加 RAM,或是使用一些防當軟體等方式,降低電腦當機的機率,但還是難以完全防止電腦系統當機的可能性。而電腦當機也有可能造成資料損壞,所以還是要做好資料備份,以防範資料損失。

3. 停電－經過千禧年前的兩次大停電,相信大家

都能體認到電腦在運作時，維持電力穩定的重要性。如果使用者正在用電腦編輯重要的資料，就在快要完成的時候停了電，那是多麼令人搥胸頓足的事！要防範停電造成的資料損失，除了要備份資料外，最好還要裝置一個不斷電系統（Uninterruptible Power Supply, UPS），在電力中斷時還能維持一段時間的運作，讓使用者或系統管理者能及時因應。

16.3 話說備份

剛剛所提到的各種危害網路安全的狀況，都可以用備份（Backup）達到某種程度的防制效果。那麼，到底什麼是備份呢？所謂備份，簡單地說，就是將原始檔案複製一份，當原始檔案損毀時，可以拿備份的檔案來用。

16.3.1 備份的方案

備份的方案有好幾種，使用者可以視情況選用其中一種。

1. 完整備份：備份所有的檔案，並設定檔案的「保存」屬性。
2. 漸增備份：只針對前次備份之後，有變動的檔案做備份的動作，並設定檔案的「保存」屬性。

3.異動備份：只針對前次備份之後，有變動的檔案做備份的動作，但不設定檔案的「保存」屬性。

4.複製備份：將使用者選取的檔案備份，檔案屬性不變。

5.每日備份：備份每日有變動的檔案，檔案屬性不變。

利用上述各種備份方案，可以組合成為一個備份排程（Backup Schedule）。例如：系統每週一至週五做一次漸增備份，每週六做一次完整備份，這樣一來，週一至週五隨時都會有上週六的完整備份，以及前一日的漸增備份，若要回存資料，先回存上週六的完整備份，再回存前一日的漸增備份。

在一些作業系統中（像是 Windows 系列），附有備份功能，還有其他的軟體廠商也設計了一些有備份功能的軟體。

16.3.2 備份的裝置

可以用來備份的硬體很多，包括軟碟、磁帶機、燒錄器、MO、硬碟……等等，我們先將這些硬體做一些比較。

使用者可視情況來選用備份硬體。

硬體特性項	軟碟	硬碟	燒錄器	MO	磁帶機
容量	小，最常見的是 1.44 M，另有 100 M 與 120 M 的軟碟。	不一，舊式的有幾百 M 到幾 G，新式的比較大。	中等，一般是 640M。	中等，大概幾百 M。	不一，視規格而定。
保存容易度	普通	佳	優（號稱一百年不壞）	優	佳
儲存速度	普通	快	慢	普通	慢
成本	機器：低 磁片：高	普通	機器：高 耗材：極低	機器：高 耗材：低	機器：高 耗材：低
耗材重覆使用	可	可	CDR 片：不可 CDRW 片：可	可	可

16.3.3 備份要注意的事項

我們要做備份時，除了剛剛提到的，選擇備份方案組合成備份排程，以及選用適當的備份硬體之外，還有一些事情要注意的，包括：

1. 適時測試備份系統，確保備份作業能夠正常運作。

2. 將儲存備份資料的磁片、光碟、硬碟標示清楚，並妥善收藏，這樣要進行備份時就可以快速找到備份資料。

3. 備份工作最好是讓熟悉該系統的人進行，避免讓不熟悉的人執行備份工作。

16.4 不斷電系統 UPS

剛剛所提到的不斷電系統，一般也稱爲 UPS，是一種備用電力裝置，它的構造中有一個可充電的大電池，連接方式是電腦的電源連接到 UPS 上，然後 UPS 的電源連接到插座中，當電力中斷時，UPS 會在極短的時間之內將電力轉換成由大電池供應。

不過大電池的電力一般維持不了多久，一般都只能維持幾十分鐘的電力，所以使用者應該要在停電時，趁著 UPS 的電力耗盡之前登出（logout）系統，並關閉電腦電源，而不應以爲有了 UPS，停電時還放任電腦系統繼續運作。

新式的 UPS，內附有 UPS 用的軟體，主要作用是讓使用者了解 UPS 還有多少電力，不過使用者不一定要安裝這些軟體。

16.5 本章回顧

1. 危害系統安全的因素包括人為因素（操作不當、程
   式錯誤、非法入侵、病毒破壞），以及非人為因素
   （意外災害、系統當機、停電）

2. 備份的方案有好幾種，包括完整備份、漸增備份、
   異動備份、複製備份、每日備份。

3. 可以用來備份的硬體很多，包括軟碟、磁帶機、燒
   錄器、MO、硬碟。

4. UPS 是一種備用電力裝置，當電力中斷時，UPS 會
   在極短的時間之內將電力轉換成由大電池供應。

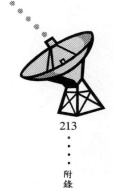

附錄　詞彙解說

7-Layer Reference Model —七層參考模型

　　國際標準組織（International Organization for Standardization, ISO）在 1983 年制定了一套電腦網路通訊的標準，叫做「開放式系統互連」（Open System Interconnection, OSI），也就是「七層參考模型」（7-Layer Reference Model），請參考第七章。

　　OSI 架構下的七層參考模型爲：

1. Physical Layer（實體層）
2. Data Link Layer（資料連結層）
3. Network Layer（網路層）
4. Transport Layer（傳輸層）
5. Session Layer（會議層）
6. Presentation Layer（展現層）
7. Application Layer（應用層）

Address —位址

　　在電腦的記憶體當中，位址是被用來記錄資料所在的位置，或是外部記憶體的標記。應用程式利用位址存取記憶體裡的資料，軟體工程師也可利用位址來發現程式的錯誤。另外，在網路上也有一套定址模

式，網路上的電腦也都有一個「位址」。

Amplitude Modulation（AM）—調幅

調變是一種幫助訊號傳遞的技術，原始訊號經由調變，可以增進資料傳遞的效率。調幅是一種調變方式，做法是讓載波（Carrier）的「振幅」，隨著原始訊號的變化而變化。載波的函數為 $X = A * \sin(2\pi F * t + P)$ 或 $X = A * \cos(2\pi F * t + P)$。其中的 X 是在 t 時刻，載波的瞬間電壓，A 是載波最大振幅，F 是載波頻率，P 是載波相角。

ANSI 美國國家標準協會

美國國家標準協會（American National Standards Institute, ANSI）是一個專門制定各種電腦軟硬體「標準生產程序」的組織，它成立於1918 年。ANSI 所制定的標準生產程序，大多已經廣泛地被電腦界所採用。另外，ANSI 還是 ISO 國際組織美國地區的代表。

Arithmetic Logic Unit（ALU）—算術邏輯單位

算術邏輯單位是 CPU 的一部份，負責資料的運算（加、減、乘、除……等等）、判斷、比較等工作。

Asynchronous Communication—非同步通訊

非同步通訊模式的作法，就是兩台電腦在傳遞資料時，發訊端與收訊端要先設定好相同的傳輸速率。

開始傳遞之前，線路是處於低電位的閒置（Idle）狀態，接著，當收訊端收到一個高電位的開始位元（Start bit），接著開始接收資料，當收訊端收到一個低電位的結束位元（Stop bit）時，資料傳遞的工作就完成了。非同步通訊是一個位元接著一個位元地傳遞資料，所以傳輸效率較差。

Asynchronous Transfer Mode（ATM）—非同步傳輸模式

ATM（Asynchronous Transfer Mode）是「國際電報電話諮詢委員會」（CCITT）制定的高速網路傳輸技術，它是一種高速分封及多工交換（Multiplexing and switching）標準，經過「美國國家標準協會」（American National Standard Institute, ANSI）及 CCITT 認可，ATM 成為「寬頻整體服務數位網路」（Broadband ISDN, B-ISDN）的傳輸模式。

ATM 傳輸是用固定長度，也就是 53 個位元組（48 個位元組的資料加上 5 個位元組的控制資料）的封包，這種封包稱為 Cell。ATM 的傳輸速率最低 1.5Mbps，最高可達 2.5Gbps，兩節點之間的距離，是在 100 公尺到 40 公里之間，故在區域網路與廣域網路皆適用。ATM 非常適合即時性的應用，如電子會議、電傳視訊等等。

Bandwidth─頻寬

所謂頻寬（Bandwidth），就是在一連續頻率範圍，最高頻率與最低頻率的差距。應用在網路上，表示在一單位時間之內資料的流量，也就是說，由頻寬的大小可以看出網路傳遞資料的能力。例如：一般的電話線頻寬為 64KHz，表示它傳送資料的速率為每秒 64Kbits。

Base band─基頻

Base band 是資料傳遞的技術，其作法是在纜線上傳送訊號時，不經過調變（Modulation），而直接以數位訊號送出。

Block ─區塊

區塊是資料單位（字組、字元……等等）的集合體，大小並沒有一定的限制。例如：MS─DOS 中的記憶體，區塊是一個或數個段落所組成，因為一個段落有 16 個位元組，所以記憶體配置的區塊，至少也會有 16 個位元組。

Bits Per Second（BPS）─每秒位元數

BPS 指的就是 Bits Per Second，是用來計算電腦網路上資料傳輸速率的單位。例如一個網路的資料傳遞速率是 1Mbps，也就是說，在這個網路上每秒可以傳送一百萬個位元。

Bridge 一 橋接器

　　橋接器是用來連接兩個網路的幾種裝置之一，也可算是連接兩個網路的「橋樑」。橋接器的主要功能，就是過濾資料框，決定是否要讓資料框通過，到另外一邊的網路去。要做到這一點，就要檢查資料框的發訊端電腦與收訊端電腦是否屬於同一個網路，若是，則橋接器會把它過濾掉；反之，若是在不同的網路上，則橋接器會讓它通過，到橋接器所連接的另外一邊的網路上，詳見 8.2 。

Broadband 一 寬頻

　　Broad band 也可稱為 Wide band ，是頻寬範圍較大的資料通道，還可以分為數個次頻帶，供數個不同的類比資料傳遞用。

Bus 一 匯流排

　　所謂的匯流排（Bus），就是區域網路的一種連結方式，也就是拓樸（Topology），詳閱 5.2.3 。

　　電腦內部不同設備之間傳送資料時，資料通過的線路，也叫做 Bus 。例如：介面卡與主機板之間的插槽，就是一種匯流排，其他不同的設備之間，也有許多匯流排。而這些匯流排，大致上可以分為三種：

　　1.定址匯流排（Addressing bus）：當 CPU 要與記憶體（包括 ROM 與 RAM）存取資料時，或是與某一個 I/O Port 傳遞資料時，需要先使用定址匯流排，傳遞資料的位址。CPU 的「定

址空間」與定址匯流排的位元有關。例如一個
CPU 的定址匯流排是 24 位元，表示 CPU 表達一
個記憶體位址是用 24 位元，它的定址空間為
2^{24}，也就是 1MB。

2. 資料匯流排（Data bus）：資料匯流排是電
腦裝置之間，傳送資料的線路，大部份的資料
匯流排都可以雙向傳遞資料。匯流排每次所傳
送的資料都有好幾個位元，每一個位元，都會
在匯流排的平行線路上同時傳送，所以也會同
時到達，資料匯流排的位元數，決定了電腦裝
置每次傳遞或接收資料的數量。

3. 控制匯流排（Control bus）：控制匯流排是
電腦裝置之間的一些控制線路。一個裝置的控
制匯流排之位元數，決定它可以控制的裝置之
數量。

Cable TV（CATV）—有線電視

Cable TV（CATV），也就是國內俗稱的「第四
台」。以往電視台是利用無線傳遞發射訊號，而近年
來，Cable TV 已經在台灣漸漸普及化，大家也就比
較少用架天線的方式看電視了。Cable TV 的技術，
是利用同軸電纜傳遞影像和聲音資料，提供較高的頻
寬和較多的頻道。目前甚至還可以利用 Cable TV 的
纜線來上網。

Carrier 一 載波

　　載波是一種通訊時常用的訊號，通常是類比訊號。通訊裝置常用載波配合一些調變技術，完成傳遞訊號的工作。這些調變技術包括了：調幅（Amplitude Modulation, AM）、調頻（Frequency Modulation, FM）、調相（Phase Modulation, PM）。

Carrier Sense Multiple Access（CSMA）一 載波監聽多址存取

　　在乙太網路上，一台電腦要傳遞資料之前，為了防止封包在傳遞過程中發生碰撞，會先偵測線路上是否有資料正在傳遞。若有，就要等到該資料傳遞完畢，才可以傳遞自己的資料。若沒有，就可以立刻傳遞自己的資料。這樣的技術一般稱為「載波監聽多址存取」（Carrier Sense Multiple Access, CSMA）。而 CSMA 又分為三種：（1）Nonpersist CSMA（2）1-persist CSMA（3）P-persist CSMA，詳閱 5.4。

Carrier Sense Multiple Access with Collision Avoidance（CSMA/CA）一 防止碰撞式載波監聽多址存取

　　在無線的區域網路中（例如：Apple 公司的 LocalTalk），會使用「防止碰撞式載波監聽多址存取」（Carrier Sense Multiple Access With Collision Avoidance, CSMA/CA）的技術，來避免碰撞的發生。在發訊端要開始傳遞資料之前，會先

送一個簡短的控制訊號，在收訊端收到此訊號後，等到其準備好要接收資料時，收訊端也會送一個控制訊號給發訊端，讓發訊端知道收訊端已經準備好要接收資料，然後發訊端就會開始傳遞資料，詳閱 5.6。

Carrier Sense Multiple Access with Collision Detection（CSMA/CD）－偵查碰撞式載波監聽多址存取

在乙太網路上，一台電腦要傳遞資料之前，為了防止封包在傳遞過程中發生碰撞，會先偵測線路上是否有資料正在傳遞。若有，就要等到該資料傳遞完畢，才可以傳遞自己的資料。若沒有，就可以立刻傳遞自己的資料。「偵查碰撞式載波監聽多址存取」（Carrier Sense Multiple Access with Collision Detection, CSMA/CD）就是這樣的技術，詳見 5.5。

Character－字元

對使用者而言，在電腦螢幕上所看得到的每一個符號（包括標點符號與特殊符號）、英文字母、數字，同樣都是字元（Character）；對電腦而言，一個字元就是一組位元所組成。

在中文狀態下，每一個中文字是由兩個字元組合而成的，所以我們若進入中文系統之後，將顯示的狀態切換至英文狀態，則螢幕上所顯示的每一個中文字，都會變成兩個英文狀態下的符號，其中第一個符號都是 ASCII 碼大於 128 的字元。

Checksum ― 核對總和

核對總和（Checksum）是一種網路上傳遞資料時，為確保資料正確而採用的一種偵錯方式。其作法就是將資料轉換為二進位數字，並將資料全部相加，在傳輸時將相加所得的總和一起傳送出去，接收資料的電腦也利用同樣的方式計算出總和，再檢查這兩個總和是否相等，若兩者不等，則表示傳輸過程發生了錯誤，詳閱 4.6。

Collision ― 碰撞

本書所指的「碰撞」（Collision），就是在網路傳遞資料的過程中，若兩台電腦的資料同時要利用同一條線路傳送訊息，會發生的訊號碰撞現象，解決方式通常是用 CSMA/CD 或 CSMA/CA 之類的方法。

Compression ― 壓縮

所謂壓縮（Compression）就是根據一些演算法，將電腦內的資料壓縮之後變成壓縮資料，使得原始資料所佔用的儲存空間縮小的一種過程。每一種壓縮演算法，都有一種相對應的解壓縮（Decompression）演算法，將壓縮資料解壓縮之後，回復成為壓縮前的原始資料。

Control Unit ― 控制單位

控制單位是 CPU 的一部份，負責協調電腦之內各個元件的運作、控制資料在主記憶體的進出、對程式指令進行讀取並解碼等工作。

Crosstalk—串音

串音（Crosstalk）是一種雜訊，指的是線路傳遞資料時，相鄰的線路會感應到訊號。

Cyclic Redundancy Check（CRC）—循環重覆核對

「循環重覆核對」（Cyclic Redundancy Checks, CRC）是一種用在資料傳輸之後驗證其正確性的演算法。CRC 是一種用複雜的數學方法來偵錯的方式。當計算出 CRC 字元之後，會將此 CRC 字元隨著資料一起傳輸到收訊端。當收訊端收到這些資料後，會重新核算 CRC 字元，以確保資料確實無誤，正確性相當高，詳見 4.7。

Electronic Mail（E-Mail）—電子郵件

電子郵件（Electronic mail, E-Mail）是電子訊息形式的郵件，它透過電腦網路來傳送與接收。電子郵件傳送的過程，就是當某甲想傳遞一封 E-Mail 給某乙時，某甲可開啓 E-Mail 程式，將信件內容輸入電腦，之後再透過電腦網路，傳送到某乙的電子郵件信箱。「電子郵件信箱」是在網路上一個叫做「郵件伺服器」（Mail Server）的電腦中，當某乙的電腦連接上網路之後，開啓他的電子郵件信箱，接收該封信件就可以了。

Electronic Industries Association（EIA）－電子工業協會

電子工業協會（Electronic Industries Association, EIA）是美國電子業的一個協會，是專門制定電子與電機工業界標準的組織，其中大多是電腦和各種電子裝置之間的通訊標準，他們也跟政府相關部門保持聯繫，以了解相關法令。EIA 制定的標準通常是 RS-xxx 或 EIA-xxx（RS 意指 Recommended Standard），總部設於美國華盛頓。

End Of Transmission（EOT）－傳輸末端

這是資料傳輸過程中，放在資料的最末端的一些字元，讓收訊端電腦知道後面已經沒有資料要繼續傳遞過來，收訊端電腦收到這樣的訊號就會回到閒置狀態。

Error Detection －錯誤偵測

偵測傳輸的資料是否有錯誤的程序。

Ethernet －乙太網路

Ethernet 是一種網路規格標準，採用匯流排拓樸（Bus topology），是由 Digital、Intel、Xerox 等公司共同制定，它運作於 OSI 模型的第一層與第二層，幾乎是現今所有區域網路的共同標準。

Ethernet 採 CSMA/CD 的通訊協定，傳輸速率通常是在 10~100Mbps 之間，最多可連接 1024 個節點。乙太網路一般分為下列四種：

　　10Base-2：細同軸電纜網路，又稱 Cheapernet 或 Thinnet，保留了 Ethernet 的重要功能，是 Ethernet 的簡易版本，不但成本低，而且管理容易。通常是一些想要架設 Ethernet，但是預算有限，或是用不到 Ethernet 全部功能的單位會採用它。最長可以傳輸 185 公尺（可延伸至 925 公尺），連接成匯流排狀網路，最多可以支援 90 個網路節點。

　　10Base-5：粗同軸電纜網路，傳輸距離為 500 公尺（可延伸至 2500 公尺），連接成匯流排狀網路。

　　10Base-T：雙絞線網路，最長傳輸距離可達 100 公尺，連接成星狀網路。

　　10Base-F：光纖網路，使用光纖纜線（Fiber Optic）作為傳輸線路，傳輸距離最長可達 2000 公尺，連接成星狀網路。

Fiber Distributed Data Interface（FDDI）一光纖分散式資料介面

　　光纖分散式資料介面（Fiber Distributed Data Interface, FDDI）是一種由美國國家標準協會（ANSI）所制定的光纖網路標準，它採用環狀拓樸為基礎，其傳輸速度可以達到 100Mbps。在傳輸距離方面，使用多模光纖 FDDI，兩個節點之間最大距離為 2 公里，若換成單模光纖的話，傳輸距離可達 60 公里，詳閱 5.3.2。

File Transfer Protocol（FTP）—檔案傳輸協定

　　由於網路上的各台電腦，未必使用相同的作業系統與應用程式，例如，你的電腦使用的是 Windows，別人電腦可能是用 Unix、DOS，或是 OS/2。因此，需要有一種通訊協定，在網路上的電腦傳送檔案時，可以擔任協調的工作。而最典型的傳輸檔案的通訊協定就是「檔案傳輸協定」（File Transfer Protocol，FTP）。FTP 是一種讓 TCP/IP 網路上的電腦，彼此之間能傳送檔案的通訊協定。而在網際網路上傳輸檔案用的伺服器，一般稱為「檔案伺服器」（F T P Server），有時候也簡稱為 FTP 或是 FTP site。

Format —格式化

　　電腦的磁碟片與硬碟，內部都是被分為許多磁區與磁軌，而剛製作出來的磁碟片與硬碟，都還沒有將磁區與磁軌規劃好。格式化（Format）就是針對磁碟片或硬碟，所作的磁區與磁軌的規劃動作。格式化又可分為高階格式化（High-level format）與低階格式化（Low-level format）兩種，一般提到格式化，指的都是高階格式化，磁碟片與硬碟都可以進行高階格式化。而低階格式化只用於硬碟，而且都是在硬碟進行高階格式化之前做的，一般使用者不會去進行這個程序，在硬碟出廠時通常已經完成低階格式化的程序。不論是高階格式化還是低階格式化，經過格式化的程序之後，被格式化的磁碟片或硬碟裡原有的

資料會全部消失。

Frame — 資料框

對於網路通訊來說，在電腦網路傳遞資料時，通常是將資料分為一塊一塊的資料段來傳送，每一個資料段都有一些像是收訊端電腦等等的資訊，這些資料段就是「資料框」。

Freeware — 免費軟體

使用者不必付費就可以使用，而且還可以到處任意複製的軟體，就是免費軟體（Freeware），不過，原來的軟體設計者仍具有版權。

Frequency Division Multiplexing（FDM）— 劃頻多工法

劃頻多工法（Frequency Division Multiplexing, FDM）是多工技術的一種，通常用於類比訊號上。其作法是將一個傳輸通路，劃分為好幾個不同的頻道（Channel）來傳遞資料，使得在同樣的傳輸通路中，可以分好幾個頻道來傳遞資料。舉一個例子，目前國內十分普遍的有線電視，就是用分頻多工的技術，這樣就可以在一條傳輸線路上，傳送多個頻道的節目。

Frequency Modulation（FM）— 調頻

調變是一種幫助訊號傳遞的技術，原始訊號經由調變，可以增進資料傳遞的效率。調頻是一種調變方式，做法是讓載波（Carrier）的「頻率」，隨著原

始訊號的變化而變化。調頻技術的抗雜訊能力比調幅
技術好，但是調頻技術會佔用較寬的頻寬，對硬體精
密度的要求也比較高。

Gateway 一 閘道器

閘道器是一種連接兩個網路之間的裝置，它被定
義於 OSI 的應用層（第七層），經過特別的設計，可
以用來連接兩個差距很大的網路。而且閘道器可以做
通訊協定與資料格式的轉換。例如說，有一個網路使
用的郵件伺服器是 Lotus 的郵件伺服軟體，另一個網
路使用的郵件伺服器是 Microsoft 的郵件伺服軟體。
這兩個網路就可以使用閘道器連接起來，利用閘道器
的資料轉換功能，我們就可以在兩個網路之間傳遞電
子郵件。

閘道器可以用來連接兩個不同的通訊協定之網
路。不過這樣一來，閘道器必須執行繁雜的工作，影
響它的效率，也因為閘道器的設計，比橋接器、路由
器都複雜，所以成本也最高。

Geostationary Earth Orbit（GEO）一 地表同步地球軌道

地表同步衛星所運行的軌道，就叫做「地表同步
地球軌道」（Geostationary Earth Orbit, GEO）。

Geosynchronous Satellites(Geostationary Satellites) 一地表同步衛星

「地表同步衛星」(Geosynchronous Satellites 或是 Geostationary Satellites),也可簡稱為「同步衛星」,它繞行地球的速度,保持在與地球自轉相同的速度。從地面上觀察,這些同步衛星是一直保持在同樣的位置。地表同步地球軌道,大約是在地表上方 20,000 哩處,大概是地球與月球距離的十分之一。

Header 一標頭

Header 對於電腦網路的通訊來說,是指資料框(Frame)裡面諸如傳訊端與收訊端位置、資料量大小、檢查位元等資訊。

Header 也可以指 E-Mail 開頭的一些資料,像是發信人、收件人、日期、主題等資訊。

Infrared Transmission 一紅外線傳輸

紅外線傳輸(Infrared Transmission)是一種無線遙控的技術,它不會受到電磁波的干擾,也不需申請使用無線傳輸的頻道,但其傳輸容易受到障礙物的阻擋,而且在強光的環境下,紅外線會被「稀釋」而降低效能。利用紅外線傳輸資料有「點對點」與「廣播」兩種方式,詳見 2.6。

Institute for Electrical and Electronic Engineers（IEEE）－電子電機工程師協會

在 1963 年的時候，「無線電工程師協會」（Institute of Radio Engineers, IRE）和「美國電子工程師協會」（American Institute of Electrical Engineers, AIEE），合併爲「電子電機工程師協會」（Institute of Electrical and Electronic Engineers, IEEE），是目前電腦網路領域較具權威的組織。IEEE 制定了許多網路上的標準，一般電腦界也都會接受 IEEE 所制定的標準，目前其總部設立於美國紐約。

Integrated Circuit（IC）－積體電路

IC 是第三代電腦以來到目前爲止，電腦的主要組件。其構圖爲矽晶片（chip），內含有電晶體（Transistor）和其他的一些電子零件。IC 的演進是從小型積體電路（Small Scale Integration, SSI）、中型積體電路（Medium Scale Integration, MSI）、大型積體電路（Large Scale Integration, LSI）、超大型積體電路（Very-Large Scale Integration, VLSI）、特大型積體電路（Super-Large Scale Integration, SLSI）、極大型積體電路（Ultra-Large Scale Integration, ULSI），積體電路的發展趨勢是：體積日漸縮小，每單位面積可放置的電子元件數目越來越多。

International Organization for Standardization（ISO）－國際標準組織

國際標準組織（International Standards Organization, ISO）成立於 1947 年，主要宗旨是專門制定標準規格。「開放式系統互連」（Open System Interconnection, OSI）就是由 ISO 所制定。ISO 也提供 9000 系列認證，通過這個認證手續的企業或組織，可以讓一般人覺得其有一定的水準。因此有非常多企業與組織欲取得 ISO 9000 系列的認證，以提昇其形象。ISO 9000 系列有 ISO 9001、ISO 9002、ISO 9003、ISO 9004 等種類。

International Telecommunications Union（ITU）－國際電訊同盟

國際電訊同盟（International Telecommunication Union, ITU）是聯合國（United Nations, UN）內部的一個組織，ITU 是最早建立電信網路數位化標準的組織，目前也制定一些在 Internet 上多種通信標準化的程序，其總部設在瑞士的日內瓦。

Internet －網際網路

眾所周知的網際網路（Internet），是一個遍佈全球的電腦網路，不論任何時間地點，使用者只要連接上網路就可以利用網路上的各種服務（WWW、FTP、E-Mail、BBS……）。

Internet Service Provider（ISP）－網際網路服務提供業者

我們要讓電腦連接上網際網路，往往需要向一些提供這方面服務的業者申請，這樣的業者一般稱為「網際網路服務提供業者」（Internet Service Provider, ISP）。ISP 所提供的網際網路之各種服務，包括連線上 Internet 的帳號、E-mail 信箱、個人的首頁等等。

以往連接上 Internet 的方式，只有利用現成的電話線撥接，與架設專線而已。公司行號可能會使用專線，但是一般家庭用戶基於費用考量，幾乎都是使用撥接的方式。不過最近還可以透過 Cable Modem，利用目前已經十分普及的有線電視（Cable TV）的線路，或是 ADSL 的技術，連線上 Internet，這樣一來，可以讓一般的家庭用戶，廉價地享受專線般的便利。

Intranet －企業內（網際）網路

Intranet 的技術跟 Internet 沒有太大差異，每個使用者也都有自己的 E-Mail 信箱，甚至是 Homepage，說穿了就是範圍僅限於企業內部，使用者也僅限於企業內部員工的網際網路。

I/O Device －輸入／輸出裝置

I/O 的意思就是 Input/Output，也就是所有輸入、輸出資料的動作。使用者利用鍵盤、滑鼠、掃描器……等等的裝置來輸入資料的動作，都是 Input；

利用印表機、螢幕……輸出資料，都是 Output；而這些被用來輸入輸出資料的硬體，就是 I/O Device。

I/O Port 一輸入／輸出埠

所謂 I/O Port，就是電腦硬體與其他裝置交換資料的介面，像 CPU 就有許多 I/O Port，用來與外部裝置交換資料用。

IP Address 一網際網路協定位址

在網際網路上，每台電腦都會有一個 IP Address，其中的 IP 就是目前在網際網路上使用的網路定址法則，稱為 Internet Protocol。一般所謂 IP Address，就是依照網際網路上所通用的網路定址法則，制訂出來的網址，詳見第十章。

Jamming 一混亂

在使用 CSMA/CD 技術的網路上，當電腦偵測到線路上正在傳遞的資料，有碰撞的情形發生時，就會立即停止傳遞資料，並發出混亂（Jamming）訊號，通知其他所有電腦。並且等待一段時間，再偵測網路線路是否閒置，若是則繼續傳遞。

Light Emitting Diode（LED）一發光二極體

發光二極體（Light-Emitting Diode，LED）就好像小型的燈泡一般，不過它是使用直流電。當電流通過 LED，LED 便會發出光亮。在許多電器的開關旁邊，都使用 LED 來顯示電源開啟與否，像是電腦主

機的電源，也是用 LED 來顯示是否已開啓電源。另外，在某些公共場所常看到的，用來顯示訊息的跑馬燈，也是由許多 LED 所組成。

Local Area Network（LAN）－區域網路

　　LAN（Local Area Network）是架設在小範圍內的網路，例如：一間辦公室，一棟建築物之內的網路，都可以算是 LAN。區域網路依各節點之間的連接方式，大致可分為幾種「拓樸」：

　　1.匯流排（Bus）：匯流排拓樸，是將所有的電腦，經由連接器（Tap）各自連接一條線到同一條主線路上的技術。只要主線路能暢通，不論任何一台電腦故障，網路上其他電腦仍然可以傳遞資料。

　　2.環狀（Ring）：環狀拓樸，就是把 LAN 的線路，圍繞成一個迴圈（Loop）。也就是第一台電腦連接到第二台，第二台電腦再連接到第三台，如此下去，直到最後一台電腦，連接到第一台。

　　3.星狀（Star）：在星狀拓樸的 LAN 中，有一個中央電腦，其他的電腦全部都連線到此中央電腦。在傳遞資料時，發訊端將資料傳遞至中央電腦，再由中央電腦將資料傳遞給收訊端。

Logical Link Control（LLC）－邏輯連接控制

　　OSI 七層模型中，第二層（資料連接層）可分為兩個子層，LLC 就是其中一個，詳見 7.2.2。

Low Earth Orbit Satellites —低地球軌道衛星

「低地球軌道衛星」（Low Earth Orbit Satellites），是一種距離地球只有 200 到 400 哩，繞行地球一周大概只要 1.5 小時的人造衛星，請參考 2.5 後補充。

Mail Server —郵件伺服器

指網路上用來傳遞電子郵件，以及儲存使用者的電子郵件之伺服器。

Media Access Control（MAC）—媒體存取控制

OSI 七層模型中，第二層（資料連接層）可分為兩個子層，MAC 就是其中一個，詳見 7.2.2。

Memory —記憶體

記憶體的作用，就是讓電腦內部的裝置存取資料。在電腦內部，有很多地方都裝有記憶體。而所謂的主記憶體，就是與 CPU 直接配合運作的記憶體，由於主記憶體常常需要從輔助記憶體中存取大量的資料，所以在設計主記憶體時，速度是一個非常重要的考量因素。而主記憶體又可分為唯讀記憶體（Read Only Memory, ROM）以及隨機存取記憶體（Random Access Memory, RAM）。一般所謂電腦有幾 M 的記憶體，意思就是說這台電腦有幾 M 的 RAM，詳閱 1.2。

Microwave — 微波

微波（Microwave）是一種高頻無線電波，通常是利用圓盤狀的天線發射或接收電波。相較於一般廣播的電波，漫無目標的散佈訊號，微波訊號是對著特定方向發送出去，也就是說，微波只能直線傳送。

Modulator／DEModulator（MODEM）— 數據機

數據機（Modem）就是根據「調變」與「解調變」兩種原理所開發出來的網路通訊裝置。調變（Modulation）是將電腦的數位訊號轉換成類比訊號，讓訊號得以在電信網路上傳遞的過程。解調變（Demodulation）則剛好相反，它是將電信網路所收到的類比訊號，轉換成為數位訊號，讓電腦得以讀取的過程。

Multiplexor（MUX）— 多工器

在一個系統中，若是有多項作業要使用一條線路，那麼就要使用多工器（Multiplexor）這個裝置，使得多個裝置可同時連結在一起，共用這個線路。這項技術在電信網路與網際網路常見到。

NODE — 節點

網路上的一個位置，通常是電腦。網路上的任何一台電腦，都是一個節點。

Optical Fibers — 光纖

電腦網路也可以用玻璃纖維來做為傳輸資料的媒介，也就是一般所謂的光纖（Optical Fibers）。顧名思義，它是以光來傳遞資料。

使用光纖的好處有下列幾點：

1. 因使用光波傳遞資料，所以沒有串音（Crosstalk）的顧慮，也不會受到電磁雜訊的干擾。
2. 不會導電，因此也不會短路。
3. 光纖線路上，若有人私自連接其他線路進來，很容易被偵測到，所以資料安全性高。
4. 頻寬大，可以傳送更多資訊。
5. 可傳遞距離更遠。

Packet — 封包

要在電腦網路傳遞資料時，通常是將資料分為一塊一塊，再傳遞到網路上，依照某種通訊協定來傳送，而那些一塊一塊的資料，就是封包（Packet）。

Packet Switch — 封包交換（器）

Packet Switch 可作「封包交換」解，也就是先將資料分為數個大小相等的區塊（封包），加上收訊端位址、控制訊號……等等資訊，再利用網路上的各種路徑傳遞。

廣域網路上的封包交換器也叫做 Packet Switch，詳見 6.2。

Parity 一 同位

在電腦網路中傳遞資料，會使用一些確保資料正確的檢查程序，同位（Parity）就是其中一種。其做法是將每一個位元組加上額外的一個位元，也就是「同位位元」（Parity Bit），以供檢查時使用。而這種利用同位位元來檢查位元組是否正確的方法，就是同位核對（Parity Check）。

同位核對可分為奇同位（Odd parity）和偶同位（Even parity）兩種，藉由資料中1的個數，使收訊端能夠辨認所收到的資料是否正確。舉例來說，在奇數模式的同位核對下，資料00101001的同位位元必須為0，因為原資料包含奇數個1，再加上同位位元，所包含的1的數目仍是奇數。而資料00110011因為原資料包含偶數個1，所以同位位元必須為1，這樣一來，資料中所包含的1的數目就變成奇數，也才能通過同位核對。

Phase Shift Modulation 一 調相

調變是一種幫助訊號傳遞的技術，原始訊號經由調變，可以增進資料傳遞的效率。常聽收音機的人，對於「調頻」、「調幅」必不陌生，它們都是調變方式。調相也是一種調變方式，做法是讓載波（Carrier）的「相角」，隨著原始訊號的變化而轉變。當資料位元由0轉換成1，或是1轉換成0時，載波相角改變180°。

Physical Address ─ 實際位址

實際位址是指在電腦記憶體當中真正的記憶體位址，也就是真正的記憶體（RAM）才有實際位址。虛擬記憶體可能會用到一些硬碟空間，模擬 RAM 的功能，所使用的是虛擬記憶體位址。電腦系統採用實際位址的話，會使程式的設計變得較容易。

Point-To-Point Network ─ 點對點網路

每一台電腦兩兩之間都有獨立的連線之網路，詳見 5.1。

Processor ─ 處理器

處理器是電腦的神經中樞，它是用來控制電腦系統的運作，以及接收資料加以處理，再將處理結果送到記憶體儲存。在個人電腦中的處理器，可稱為微處理器（Microprocessor）。

Protocol ─ 協定

當電腦利用傳輸線路進行訊號溝通時，事先需要一個制定好的標準，使得雙方電腦得以遵循，這種標準稱之為通訊協定。例如利用個人電腦和大型電腦通訊，便需要事先制定好雙方要溝通時，使用『Kermit語言』，這也就是通訊協定。

Protocol Software ─ 協定軟體

依照協定運作的軟體稱為「協定軟體」（Protocol Software）。

Protocol Suites 一 協定組

協定可能會包含相當多的通訊細節規則。這個時候，通常會把這些項目分門別類，並對協定的各個類別，做各種不同的設計，稱為「協定組」（Protocol Suites）。協定組下各類別的協定，可以解決各類別的通訊問題。將它們整合起來，就幾乎可以解決所有的通訊問題。

Queue 一 佇列

在 6.3 提到的佇列，是指電腦系統中特別的資料串列。佇列當中最先被放進去的資料，會第一個釋放出來，也就是說，佇列符合先入先出（First In First Out, FIFO）法則。這個法則是一種公平的法則，經常在多個使用者的作業環境中使用。若原本我們有一個空的佇列，首先我們將 6 放入該佇列中，接著再將 3 放入該佇列中，此刻當我們要由該佇列當中取出元素時，會先得到 6 的結果。這和堆疊（Stack）的先進後出（First In Last Out, FILO）作業方式恰巧相反。

舉例來說：我們要利用網路印表機將資料列印出來，但目前網路印表機正在執行別的列印工作，所以網路作業系統就將我們要列印的工作，存放在一個佇列的結構中，若稍後還有其他使用者也要列印報表，則同樣會放到同一個佇列，等到印表機閒置下來，作業系統便會將佇列中取出要列印的工作，於是我們要列表的動作會先執行。

Random Access Memory（RAM）— 隨機存取記憶體

隨機存取記憶體（Random Access Memory, RAM）就是電腦的主記憶體，是電腦程式執行過程中。存取資料的記憶體，可以機動性地寫入或讀取。在執行程式的時候，RAM 被用來存放資料，卻無法長時間儲存資料。當電源切斷之後，記憶體中的資料會隨著消失。一般所謂電腦有幾 M 的記憶體，意思就是說這台電腦有幾 M 的 RAM。

Read Only Memory（ROM）— 唯讀記憶體

顧名思義，唯讀記憶體（Read Only Memory, ROM）的資料只能讀取，不能寫入。ROM 的資料主要是電腦開機時會用到的一些程式，通常我們將電腦系統的 BIOS（基本輸出入系統）放在 ROM 當中，那些資料在廠商製造時就已經寫入，不會隨著電腦關機而消失。

Relay — 轉接器

在網路上有一種電腦，被用來連接兩個不同的網路系統，讓網路與網路之間彼此能順利連繫。這些電腦，叫做轉接器（Relay）。轉接器共分為放大器（Repeater）、橋接器（Bridge）、路由器（Router）、閘道器（Gateway）等等，詳閱第八章。

Repeater 一 放大器

放大器是轉接器（Relay）的一種，它的作用就是在資料傳遞了一段距離之後，將訊號再生（Regenerate），也就是將減弱的訊號再增強到原來的強度。當放大器的其中一端接收到訊號，就會將經過增強的訊號從另外一端傳送出去。這樣一來，資料就可以傳遞得更遠，詳閱 8.1。

Ring Topology 一 環狀拓樸

環狀拓樸是區域網路的一種拓樸，就是把 LAN 的線路，圍繞成一個迴圈（Loop）。也就是第一台電腦連接到第二台，第二台電腦再連接到第三台，如此下去，直到最後一台電腦，連接到第一台，詳見 5.2.2。

Router 一 路由器

路由器是區域網路之間的一種連接裝置，在定義上，路由器是運作於 OSI 模型的第三層（網路層），詳見 8.3。

Shareware 一 共享軟體

免費軟體指的是具有版權，但使用者不必付費便可使用，而且還可任意複製的軟體，它跟 Freeware 不同的地方，在於它可能會在軟體功能、使用日期或使用次數上有所限制，為的是要求使用者付費註冊，然後再讓使用者使用更完整功能的軟體。

Spread Spectrum—分頻

分頻（Spread Spectrum）是無線電波的傳輸方式之一，作法是同時用好幾個頻道，這樣不只可以提高安全性，還能減少干擾，提高資料傳遞時的正確率。分頻還分作直接順序調變（Direct Sequence Modulation）與跳頻（Frequency Hopping）兩種，詳閱 2.4。

Star Topology —星狀拓樸

在星狀拓樸的 LAN 中，有一個中央電腦，其他的電腦全部都連線到此中央電腦。在傳遞資料時，發訊端將資料傳遞至中央電腦，再由中央電腦將資料傳遞給收訊端，詳見 5.2.1。

Start Bit —起始位元

在非同步通訊系統中，發訊端在傳送資料之前會送出一個訊息，就是起始位元（Start Bit），意思就是要傳送資料了，讓收訊端準備接收。

Stop Bit —終止位元

在非同步通訊系統中，發訊端傳送完畢之後，會傳送一個訊息給收訊端，意指已經完成資料傳遞的工作，稱為終止位元（Stop bit）。

Syntax —語法

電腦程式語言所使用的規則，稱之為語法（Syntax），每種程式語言的敘述或指令都有各自的

語法。

Tape 一 磁帶

　　磁帶是電腦系統中，用來大量儲存資料的媒體，它的外型類似早期的盤式錄音帶，是由一條長形的帶狀物組成，該帶狀物上方塗滿磁性物質，可以藉由讀寫頭將磁場改變而讀取資料。由於磁帶是將資料儲存在纏繞在磁帶盤的帶狀物上，因此它較適合做循序存取，而非如磁碟的隨機存取，因此一般都用來做為資料的備份。

　　在工作站或是個人的電腦系統中，磁帶的體積比一般的錄音帶為小，以便於攜帶與儲存。因為磁帶的價格低廉，所以目前廣受大量備份作業的歡迎，但是因為可讀寫光碟具有容量大的優點，因此未來有被光碟取代的可能。

Time Division Multiplexing（TDM）一分時多工

　　TDM（Time Division Multiplexing）是一種多工的技術，所指的是時間被分成一個個的時槽（Time Slot），各個使用者分到一些時槽，每個人在自己的時槽內可以傳遞資料。

Token 一 記號

　　在 Token Ring 網路當中，有一個「記號」（Token），這個記號代表傳遞資料的資格，拿到這個Token 的節點才可以傳遞資料。

Token Ring Network 一 記號環網路

目前大部分的環狀拓樸之區域網路，都是使用 IEEE802.5 標準，也就是「記號環網路」（Token Ring Network）的技術，詳閱 5.3.1。

Topology 一 拓樸

在區域網路上，各個實體裝置的連接規劃方式，也就是節點與節點之間排列組合的方式，就是拓樸（Topology），最常見的拓樸有：星狀拓樸、環狀拓樸、以及匯流排拓樸，詳見 5.2。

Transistor 一 電晶體

在 1.1.2 提到的電晶體，是由美國 AT&T（American Telephone and Telegraph，美國電信與電報公司）的貝爾實驗室（Bell Laboratory）的三位工程師：Shockley、Bardeen 和 Brattain，在 1948 年所發明的一種電子元件，電晶體有三條接腳，分別接到電晶體的射極、基極和集極，通常電晶體是被用來控制電壓，或是作為相當於開關（Switch）的裝置，詳閱 1.1.2。

Twisted Pair 一 雙絞線

在 2.1 所提到的雙絞線，是將兩條銅線像麻花一樣捲成一條的電線，這樣就可以減少電磁干擾與串音的現象。雙絞線又可分為「無遮蔽式雙絞線」（Unshielded Twisted Pair, UTP）與「有遮蔽式

雙絞線」(Shielded Twisted Pair, STP)，詳閱
2.1。

Universal Automatic Computer I(UNIVAC I)

　　UNIVAC I 是史上第一部商用電腦，在 1951 年問
世，請參考 1.1.1。

Virtual Private Network — 虛擬私人網路

　　虛擬私人網路(Virtual Private Network, VPN)
是一種適合用於透過網際網路連線到 Intranet 或
Extranet 上的一種網路技術，可以在資料能夠安全
傳遞不外洩，也不受駭客侵入的前提下，透過
Internet 存取 Intranet 或 Extranet 的資料，詳見
9.5。

Virtual Reality (VR) — 虛擬實境

　　虛擬實境(Virtual Reality, VR)是一種模
擬技術，它是讓電腦系統模擬真實畫面的效果，使用
者看到的畫面，都是由電腦模擬的。目前 VR 的技術
已經大量運用於電視廣告、MTV、電腦遊戲和電影的
製作等等，有許多是真實影像和虛擬實境結合的結
果。

Virus — 電腦病毒

　　電腦病毒是一小段程式碼，通常有一定程度的
「傳染力」，這段程式碼被執行之後的後果，輕者被
寫病毒的人「唬弄」一下，重者電腦內的資料會全部

損毀！要防止電腦病毒的破壞，除了做好備份的工作之外，還要養成良好的習慣，就是不要隨意拷貝來路不明的軟體或資料，另外，現在市面上有許多防毒軟體，像是 PC-cillin、Antivirus、ZLOCK……等等，使用者可從中選用。

國家圖書館出版品預行編目資料

電腦網路與網際網路 ＝ Computer network amd
internet ／ 遲丕鑫作． －初版－ 臺北市
：弘智文化， 2000[民 89]
　　面 ；　　公分
ISBN 957-97910-9-0　（平裝）
1. 電腦網路　2. 網際網路
312.916　　　　　　　　　　　　89003550

電腦網路與網際網路

作　者／遲丕鑫
執行編輯／吳玟蓁
出 版 者／弘智文化事業有限公司
登 記 證／局版台業字第 6263 號
地　址／台北市吉林路 343 巷 15 號 1 樓
電　話／（02）23959178・23671757
傳　眞／（02）23959913・23629917

旭昇圖書有限公司
地址：台北縣中和市中山路2段352號2樓
電話：(02)2245-1480　傳真：(02)2245-1479

傳　眞／（02）23660310
製　版／信利印製有限公司
版　次／2000 年 3 月初版一刷
定　價／290 元
ISBN 957-97910-9-0
本書如有破損、缺頁、裝訂錯誤，請寄回更換！

弘智文化事業出版品一覽表

弘智文化事業有限公司的使命是：

出版優質的教科書與增長智慧的軟性書。

心理學系列叢書

1. 《社會心理學》
2. 《金錢心理學》
3. 《教學心理學》
4. 《健康心理學》
5. 《心理學：適應環境的心靈》

社會學系列叢書

1. 《社會學：全球觀點》
2. 《教育社會學》

社會心理學系列叢書

1. 《社會心理學》
2. 《金錢心理學》

教育學程系列叢書

1. 《教學心理學》
2. 《教育社會學》
3. 《教育哲學》
4. 《教育概論》
5. 《教育人類學》

心理諮商與心理衛生系列叢書

1. 《生涯諮商：理論與實務》
2. 《追求未來與過去：從來不知道我還有其他的選擇》
3. 《夢想的殿堂：大學生完全手冊》
4. 《健康心理學》
5. 《問題關係解盤：專家不希望你看的書》
6. 《人生的三個框框：如何掙脫它們的束縛》
7. 《自己的創傷自己醫：上班族的職場規劃》
8. 《忙人的親子遊戲》

生涯規劃系列叢書

1. 《人生的三個框框：如何掙脫它們的束縛》
2. 《自己的創傷自己醫：上班族的職場規劃》
3. 《享受退休》

How To 系列叢書

1. 《心靈塑身》
2. 《享受退休》
3. 《遠離吵架》
4. 《擁抱性福》
5. 《協助過動兒》
6. 《迎接第二春》
7. 《照顧年老的雙親》
8. 《找出生活的方向》
9. 《在壓力中找力量》
10. 《不賭其實很容易》
11. 《愛情不靠邱比特》

企業管理系列叢書

1. 《生產與作業管理》
2. 《企業管理個案與概論》
3. 《管理概論》
4. 《管理心理學：平衡演出》
5. 《行銷管理：理論與實務》
6. 《財務管理：理論與實務》
7. 《重新創造影響力》
8. 《國際企業管理》
9. 《國際財務管理》
10. 《國際企業與社會》
11. 《全面品質管理》
12. 《策略管理》

管理決策系列叢書

1. 《確定情況下的決策》
2. 《不確定情況下的決策》
3. 《風險管理》
4. 《決策資料的迴歸與分析》

全球化與地球村系列叢書

1. 《全球化：全人類面臨的重要課題》
2. 《文化人類學》
3. 《全球化的社會課題》
4. 《全球化的經濟課題》
5. 《全球化的政治課題》
6. 《全球化的文化課題》

7. 《全球化的環境課題》
8. 《全球化的企業經營與管理課題》

應用性社會科學調查研究方法系列叢書

1. 《應用性社會研究的倫理與價值》
2. 《社會研究的後設分析程序》
3. 《量表的發展：理論與應用》
4. 《改進調查問題：設計與評估》
5. 《標準化的調查訪問》
6. 《研究文獻之回顧與整合》
7. 《參與觀察法》
8. 《調查研究方法》
9. 《電話調查方法》
10. 《郵寄問卷調查》
11. 《生產力之衡量》
12. 《抽樣實務》
13. 《民族誌學》
14. 《政策研究方法論》
15. 《焦點團體研究法》
16. 《個案研究法》
17. 《審核與後設評估之聯結》
18. 《醫療保健研究法》
19. 《解釋性互動論》
20. 《事件史分析》

瞭解兒童的世界系列叢書

1. 《替兒童作正確的決策》

觀光、旅遊、休憩系列叢書

1. 《觀光行銷學》

資訊管理系列叢書

1. 《電腦網路與網際網路》

統計學系列叢書

1. 統計學

衍生性金融商品系列叢書

1. 期貨
2. 選擇權
3. 風險管理
4. 新興金融商品
5. 外匯